godo booklet 3

# 私たちは原発と共存できない

日本科学者会議―編



合同出版

# ●もくじ

原発と私（風見梢太郎／作家）……4

I　いのちとくらしの安全

1 リスクを考える基本としての公衆衛生学——疫学・予防原則の重要性（高岡滋／神経内科リハビリテーション協立クリニック院長）……6

2 すべては実態把握から！——放射性物質の分布マップに基づいた除染・食品検査態勢の構築（小山良太／福島大学経済経営学類准教授＋石井秀樹／福島大学うつくしまふくしま未来支援センター特任准教授）……14

3 どのように放射能食品汚染に対応しているか

1 農産物の全量検査と詳細な土壌マップの作成（根本敬／福島県農民連事務局長）……21

2 漁協関係者のとりくみ（渡辺博之／いわき市議会議員）……21

3 パルシステムグループの放射能対策（原英二／パルシステム生協連）……22

コラム　ICRP（国際放射線防護委員会）とは……23

II　事故の責任問題と損害賠償責任（伊東達也／原発事故の完全賠償を求める会代表委員）……24

コラム　政府や東電による原発事故情報の出し渋りや隠ぺい……29

III　原発ゼロでエネルギーと地域経済はどうなるか

1 原発ゼロのエネルギー政策（早川光俊／CASA専務理事）……30

2 原発ゼロ後の地域経済をどう志向するか（小田清／北海学園大学教授）……34

## Ⅳ　建設された原発・ストップした原発

1 志賀原発と珠洲原発の反対運動から学ぶ（飯田克平／ＪＳＡ石川支部常任幹事）……38

2 住民投票で原発を止めた経験に学ぶ（小林昭三／新潟大学名誉教授）……42

コラム 国連人権理事会特別報告者の中間報告……46

## Ⅴ　収束しない危機の中にある福島第一原発

1 福島第一原子力発電所事故の現状と課題（渡辺敦雄／ＮＰＯ法人ＡＰＡＳＴ事務局長）……47

2 汚染水の海洋放出を許してはならない（岡本良治／九州工業大学名誉教授）……51

コラム 国の責任において事故の独立調査委員会をなぜ作らない？……55

## Ⅵ　私たちは原発と共存できない

1 新しい規制体制と基準で原発の安全を確保できるか（立石雅昭／新潟大学名誉教授）……56

2 数万年単位の放射性廃棄物の管理（俣野景彦／ＪＳＡ東京支部常任幹事）……60

## Ⅶ　いま、研究者の生き方を問う（長田好弘／ＪＳＡ東京支部代表幹事）……64

あとがきにかえて（米田貢／ＪＳＡ事務局長）……70

●装幀：六月舎＋守谷義明
●組版：shima.

# 原発と私

私は福井県敦賀市の出身である。この町は原発が建設される前は東洋紡という繊維会社の企業城下町のような様相を呈していた。私の父がこの会社の工場に勤めていたので、私は敦賀で生まれ、少年期をこの町で過ごしたのである。

中学3年の時、一家で敦賀から関西に移り住んだが、その後も恩師の家を訪ねたりしていたのでこの町の変貌はよく知っている。作家水上勉は大飯町の出身であり、彼の作品には無条件に親近感を感じるが、長編小説『故郷』に描かれた郷里の変貌はまさに私の実感でもある。また、私は大学での専攻が電気工学だったので、同級生の中には電力会社に就職する者も多く、彼らから原発のことはよく聞いた。私と原発との付き合いは長いのである。

福島第1原発事故が起こってから、作家としてまた科学者運動をやってきた者としてこの問題に積極的に関わっていきたいと思う気持が募った。自分にできることは何かをいろいろ考えたが、科学的な知識を元にこの問題を小説として書くことが一番大切な仕事だと思った。

さて、何から書きはじめようか、と悩んだが、2011年の夏、私の勤める研究所において「節電施策」で週休日が一方的に変更され、全員土日出勤となった。子どもを保育園に預けている人、老人を抱えデイサービスを利用している人が困っていた。まずはこのことを書こうと思った。題名はそのものズバリの「週休日変更」。高齢の父親と暮らす息子の週休日が変更されて生活環境が変わり、父親が認知症を悪化させて入院する話である。日本民主主義文学会の発行する『民主文学』という文芸雑誌に載せてもらったが「福島第一原発事故が広く国民に及ぼす影響を描いた」という趣旨の批評を書いてくれた人がいて勇気付けられた。

そのころ、線量計であちこちの放射線量を測る運動が繰り広げられていて、私も地域の測定会に参加して様々な線量計を扱った。この体験を元に書いたのが「線量計」という短編である。舞台は敦賀だ。

その後、原発メーカーの元重役の同級生に会う「四十年」、林業労働者の被曝を扱った「森林汚染」を書いた。いずれも『民主文学』に掲載された。

しかし、やはり福島第一原発で働く人を主人公にして書かなければならない、という思いはしだいに強くなっていった。幸い、何人かの原発労働者と話すことができ、また、収束作業に従事する労働者の宿泊する施設やJヴィレッジを訪れて取材ができた。想像力を駆使し小説としての面白さを追求して書いたのが「収束作業」(『民主文学』2013年5月号掲載)である。収束とは程遠い状態であるにもかかわらず、政府が「収束宣言」を出し、危険な実態がまったく意図的に隠されていることに対する激しい憤りと、体に悪いと解っていても原発で働かざるを得ない人びとの思いを表現したかった。鳶《とび》職の青年を主人公に、大量に放射線を浴びて原発を離れる友人、危険手当が労働者に渡るよう地元の議員と協力して調査をすすめる初老の重機オペレーターを配した。

小説を書く時、作家はその対象を熟知していなければならない。そうでないと自信のなさが文章の端々に表れ、読みづらいものになる。原発に関わる作品を書きはじめてみると、あらためて自分の知識が貧弱なことを思い知らされた。書物を読み、文献を調べたがそれだけではやはり解らないところがある。JSA(日本科学者会議)の主催するシンポジウムや研究会に参加し専門家や運動をすすめている人びとと交流したことが、私が原発の小説を書く上で大きなささえとなった。ルポや報道では福島第一原発の事故は華々しく取り上げられ、多くの著作が出回ったが、こと小説となると数も少なく、感動を呼ぶものがなかなか見当たらない。私は、原発に関わるJSAの優れた知見を我が物とし、この分野で一般文壇の作家が決して書き得ない世界を作っていこうと考えている。

民主主義文学会の書き手は、この社会に生きる人びとの苦悩や希望を真摯に描き、優れた作品も数多く生み出してきたが、マスコミからは無視され続けた。日本国民はもちろん世界中が注目しているこの原発事故にかかわって、たくさんの作品を世に問い、世の中に問題を投げかけたい。

(風見梢太郎/作家)

# I いのちとくらしの安全

## 1 リスクを考える基本としての公衆衛生学——疫学・予防原則の重要性

### 1　放射線リスクをめぐる状況の複雑性

毒性物質については、公衆衛生学によるリスクや因果関係解明の手法に従って、議論がなされなければならない。ところが、放射線の健康影響については、必ずしもそれらが十分にふまえられているとはいえない。

一般的に、国の責任や企業利益がかかわる環境汚染に対しては、水俣病をめぐる経過にみられるように、事実が隠蔽され、原因の排除、汚染実態の解明、健康被害の解明と治療、住民への情報提供、適正な診断基準の制定、被害者への補償、再発防止などが適切になされない可能性が非常に高い。

また、環境汚染においては、人体への一次的な身体的精神的影響のみならず、二次的な心理的、社会的影響が大きいこともあって、国民や専門家のなかでも、後者によって前者が軽視あるいは無視されるという事態もみられうる。ここでは、特に前者に重点をおいて述べていきたい。

## 2　低線量外部被曝による健康障害

通常、低線量被曝とは、１００ミリシーベルト未満の被曝のことを意味するが、「低線量外部被曝による健康障害が証明されていない」といった言説がまかり通っており、複数の医学会などもこの見解を表明している。しかし、実際には、１００ミリシーベルト未満の外部被曝による健康障害が存在するという疫学研究結果は少なくない。胎児や小児の低線量被曝による小児がんや白血病の有意な増加を示す研究のみならず、原爆被爆者でも、５ミリシーベルト未満の低線量被曝者でがん死が多く見られるというデータが存在する（ただし、原爆被爆者では内部被曝影響が加わっている可能性も大きい）。

ＩＣＲＰ（国際放射線防護委員会）でさえ、どれほど線量が低くなってもリスクがあるという前提で、直線しきい値なしモデル（ＬＮＴモデル）を認めているのは、このようなデータの存在がその背景にある。「１００ミリシーベルトでがん死が０・５％増加」するといわれているが、これについては、もっと高率であるという見解も存在するだけでなく、がん死以外の健康リスクに関する評価が十分になされているわけではないという点をふまえる必要がある。

「低線量外部被曝による健康障害が証明されていない」という見解は、ＩＣＲＰ２００７年勧告の記載をもとにしていると思われるが、この記載の根拠が明らかにされていないのみならず、この見解はしきい値なし直線モデル（ＬＮＴモデル）とも矛盾する。また、低線量被曝による健康影響に対する見解が複数あるということを認めたとしても、万全のために、健康影響がありうるという立場で、対策を考えていく必要がある。

また、「低線量外部被曝による健康障害が証明されていない」という見解が、現在の日本社会には「１００ミリシーベルト以下の被曝は健康に問題がない」ということを示すかのように伝わり受け入れられていることも問題である。低線量被曝について異なる研究結果が存在するとしても、国民はその両者に関する情報を知る権利がある。低線量被曝による健康障害の多くは数年〜数十年という経過を経なければわからない晩発性のものであり、国民の被曝をモニターして、被曝量を最小限にしていく対策を立てつつ、疫学的な調査・研究をしていく必要があるが、国の対応は極めて不充分なものである。

## 3　内部被曝による健康障害

ＩＣＲＰは外部被曝と内部被曝はその生物学的効果が同等であると主張しているが、明確な根拠はない。むしろ、放射線の集積性や、体内で発生した$\alpha$線や$\beta$線のエネルギーの大半が体内の狭い範囲内で消費されることになり、臓器ごとの影響も異なることを考えれば、内部被曝の影響が外部被曝と同等であると断定するべきではなく、外部被曝以上のリスクを想定するべきである。

内部被曝量の測定やその身体影響の推定は非常にむずかしい。個々人の内部被曝量をシーベルト単位で精密に換算・評価していくことはほとんど不可能であり、間接的な変数や状況で評価していくことも考えなければならない。これまでにも、大気圏内核実験後の乳児死亡の増加や原子力発電所周囲での小児白血病の多発などの研究がある。

内部被曝については、とくに、チェルノブイリの事例が重要である。小児甲状腺がん以外にも、汚染地域の先天奇形、白血病・リンパ腫の増加、その他の非がん性疾患などが報告されている。『調査報告チェルノブイリ被害の全貌』（ヤブロコフ他、岩波書店、２０１３年）のなかでは、発がん、がん死以外に、有病率、死亡率、加齢、良性腫瘍、循環器・内分泌・呼吸器・消化器・泌尿生殖器・骨格筋肉系・神経系・皮膚の異常や、感染症、遺伝子損傷、先天奇形、幼児死亡、出生率低下、知能指数低下などの多くの臨床事例が検討されている。ウクライナ政府の報告書でも多くの健康障害が報告されており、ネットで参照することができる。

毎日わずか10ベクレルのセシウム１３７を体内に取り込んだばあい、ＩＣＲＰによる計算では、３年間で約

1400ベクレルになるといわれている。体内の放射性セシウムが1㎏あたり30ベクレル以上になると代謝異常が生じ、心筋に顕著な影響が起こってくるという見解も存在する。もしこれが事実であれば、日本における食品基準以下であっても危険が存在する。国は、食品の放射線基準を厳格にするのみならず、国民自身が自分の内部被曝を最小限にする対策を立てることができるような制度を確立すべきである。

また、行政やメディアなどによってほとんど無視されている重大な問題として放射性微粒子がある。放射性微粒子は10億個あるいはそれ以上の放射性物質を含む1~30㎛の微粒子であり、食物や空気を通じて体内に入り、特に気道に長期に貯留し、人体に作用する可能性がある。にもかかわらず、この放射性微粒子は、線量計によっても容易に計測できないことが少なくない。

## 4 健康障害についての疫学研究の重要性

通常、十分な症例が医師によって検討された疾患や中毒などであれば、因果関係は過去の知見によってある程度判断することが可能であるが、環境汚染物質による健康影響のように、過去の曝露事例がないまたは少ない事例においては、因果関係を否定することなく、「仮説」を保持しつつ、帰納法的思考で、症例やデータを積み重ねていかなければならない。環境汚染物質は不特定多数の人びとに健康上の影響を与える可能性があるため、一見軽症にみえる健康障害についても詳細に検討していくのが通常の公衆衛生学のありかたであり、その立場に立った臨床事例の検討や疫学調査が重要である。

医学分野において疾患の因果関係や治療効果の判定などでは、疫学情報が重視されている。人体の臓器、細胞、遺伝子などのミクロなレベルでメカニズムを説明しようとするのは医学のひとつの営みであるが、それらは必ずしも因果関係解明の必要条件ではない。それは、人体という複雑なシステムに対するメカニズム解明には常に限界が存在すること、そして、医学においては、人間がひとつの個体として成立しているか否かがまず優先されるという理由による。

環境汚染物質による健康影響やリスクの判断についても疫学は不可欠である。当然、疫学研究においては、バイアスや交絡要因といった不確定要因が存在するが、その問題点を疫学以外の他の手法で代替することはできない。人間が関与する科学においては、物理学など他の科学分野と思考と手法が異なることが十分認識されなければならない。メカニズムの解明が最優先されると、人間の健康を守ることは不可能となる。

とくに、晩発性の低線量被曝や内部被曝の健康影響については、疫学調査が重要である。また、疫学が事後の営みであることを考えれば、疫学調査の結果を待つという態度は賢明ではない。予防原則の立場を重視すること、個別事象で被曝影響を疑うことを含めて、仮説を持つこと、個別臨床事例を重視・検討していくことが重要である。力学モデルにおける因果関係のイメージで「因果関係が不明」と主張することは、疫学的エビデンスを無視したものであり、医学的にも倫理的にも間違った態度である。

また、水俣病の事例にみられるように、汚染の責任の多くを負うべき政府は、健康障害を詳細に証明するような疫学調査を回避するものであり、政府の関与する調査内容が適切なものであるかを常に監視していかなければならない。

## 5　がんによる死亡0・5％増加のリスクをどう考えるか

低線量被曝を軽視する人のなかに、100ミリシーベルトでがんによる死亡が0・5％増加する程度のリスクは、交通事故死やたばこによる肺がんの発症率に比べれば、たいしたことはないと主張する人びとがいる。だが、こういった説明方法自体が、医学や健康科学の立場を十分に理解していないものであり、公衆衛生学の本来の立場とは決して相いれるものではない。

まず、200人に1人の死亡増加というのは公衆衛生上の重大問題である。そして、医学研究において、ある毒物の健康影響を他のリスクと比較をすることはありえないことである。公衆衛生学は、人間の健康を守るために、各々の毒性物質の領域でのリスクを最小化することに努める。他と比べて低線量によるリスクはたいしたことがないというのは、人間の健康を守ろうとする観点に立つものではなく、原発の便益のためにがまんを強いるためのものでしかない。

また、福島第一原発事故では、チェルノブイリよりも総体としての放射能汚染や内部被曝の程度が軽いと指摘されることがある。しかし、これまで発表された被曝データのみをもって、現時点で結論的に健康影響の程度を述べることはできないし、相対的な汚染の差で健康影響の有無を論じることはできない。日本の方が人口密度も高いことなど、考慮しなければならないことは数多く存在する。汚染と健康影響の全体像はこれから判明するものなのである。毒性物質によるリスクというものは、被曝量だけでなく、実際の健康障害によって評価されるべきものである。

福島でも、ワタムシの奇形や、蝶の突然変異に関する報告がなされている。3万8000人の調査で、甲状腺がんの児童が3人、疑いのある児童が7人いる（通常は、小児甲状腺がんは100万人に1~2人）ということなどがすでに指摘されている。これらの兆候にたいしてどのような態度をとるかということは、低線量被曝、内部被曝を無視しないで人間の健康を守ろうとする観点に立っているかどうかの試金石となるであろう。

## 6　放射線汚染が抱える深刻な問題

原発事故による健康障害を最小限にするために、いくつかのことを確認する必要がある。

第1に、福島県がもっともひどく放射能に汚染されているとはいえ、日本全域が被曝のリスクにさらされているということを忘れてはならない。とくに外部被曝については、福島を中心とした東日本の広大な領域でホットスポット地域をはじめとしてリスクがある。内部被曝については、汚染食物の摂取をとおして日本全体がリスクを抱え込んでいる。

第2に、これほど大規模な汚染においては、汚染を引き起こした原因者と国が責任をもつ大がかりな体制なしには、最善の責任ある対策を取ることはむずかしい。だが、この点はきわめてあいまいで、不十分にされたままである。

第3に、環境汚染においては、身体的被害のみならず、心理的、社会的な影響や被害が同時に進行する。これら複合的な被害に対する対策が錯綜し、適正におこなわれない状況においては、さしあたり健康障害が顕在化していないために放射能による身体影響問題が軽視され、忌避可能であったはずの被曝を許容し、後々に禍根を残す危険性があることを考慮しなければならない。とくに、低線量被曝・内部被曝に関して、既知および未知の領域があり、未知領域に関しては予防原則を適応しつつ、対応しなければならない。

ストレスなどの心理的影響や社会的影響を考慮する必要があるにしても、健康影響の科学的評価にかかわる専門家は、それらとは独立して、疫学や予防原則をふまえたリスクに関する考察をおこなっておくことが必要である。

こういった視点から、現在の日本のおかれた状況を冷静に見るならば、放射線障害を防止し、公共の安全を確保することを目的にした放射線障害防止法上、汚染した物の移動は許されず、区域内の飲食は禁止されている放射線管理区域以上の被曝が常時起こっている地域が東日本の広大な領域に広がっているという事実を直視する必要がある。本来、放射線管理区域以上の線量がある地域に居住することは無理であるはずであるのに、居住しているという深刻な矛盾を抱え込んでいるのである。

## 7　被爆から健康を守るために

このような状況下では健康リスクがあることを前提にして、国の責任として、どのようにして住民の健康を守っていくのかという、明確な施策がなされるべきである。国が十分な施策を怠っているなかで、民間の人びとによる線量測定、食品放射能測定、健康相談、検診など、さまざまな努力がなされている。それは重要であるが、それだけでは限界がある。全国民の外部被曝、内部被曝を最小限にしていくという国の責任があいまいにされてはならない。

まず、どれだけの被曝が存在するかという調査と、国民が容易にアクセスできる情報提示・開示がをおこなわれるべきである。そのためには空間線量率、水・食品・その他の移動物資、汚染、放射性微粒子の分布などについてそれぞれ情報提供が継続的になされ、健康状態についてのモニタリングがおこなわれなければならない。健康障害をより迅速に把握するために、健康不安のあるものが容易に医療にアクセスできるようにすべきであるし、問題事象に関する疫学調査が迅速になされるべきである。

放射線管理区域以上の線量がある地域においては、健康リスクが無視されたり、あいまいにされたりしてはならない。外部被曝も内部被曝も最小限にする努力が必要である。年齢が低くなるにつれて、健康障害の危険性が増す以上、国は、子どもや若年者を優先してより被曝線量の低い地域に居住させるか、それに代わる代替策を取るなど、健康リスクの低減に努めるべきである。

内部被曝や前述の放射性微粒子による汚染を考慮すると、現実的な問題として、除染作業は被曝リスクであり、放射線被曝の問題は日本全国で意識されなければならないことである。チェルノブイリ地域では、放射能汚染対策として、汚染物質を移動させず、燃やさず、埋めるという原則が存在する。しかるに、日本国内で「木質バイオマス」と称する（８０００ベクレルもの高度汚染を受けた）森林除染木材の焼却が計画されているのは問題であり、これまで積極的に進められてきた震災瓦礫焼却も、そのような観点から議論されることが必要である。人口の密集した日本で原則の貫徹が困難であるからといって、原則が忘れ去られてよいというものではない。現状はそれにはほど遠い状況であるが、科学者、行政、一般社会が、全国民の汚染を最小限にするという目標を共有することが目指されなければならない。

（高岡滋／神経内科リハビリテーション協立クリニック［水俣市］院長）

## 2 すべては実態把握から！
## ——放射性物質の分布マップに基づいた除染・食品検査態勢の構築

### 1 ジレンマを抱えながらも実施しなければならない除染

放射性物質は人為的になくすことができず、その消滅は放射性壊変による自然減を待つしかない。それゆえ「除染」は、放射性元素を別の場所へと「隔離」する処置にすぎない。だが福島第一原子力発電所からは未だに最大で毎時1000万ベクレルの放射性元素が放出されており、事故収束からは程遠い。福島県は山林が70%を占めており、除染は住宅地・農地・森林のどこから、どこまで実施したら良いのだろうか。原発から30㎞圏内にありながら比較的空間線量が低く帰村宣言をした川内村の一部では再除染も議論されている。

今日の現状は、何を持って除染とみなし、その効果を検証するのかという社会的コンセンサスもなく、除染の技術的目途すら立っていない。そればかりか最終処分場や中間貯蔵施設の目途すら立たず、除染廃棄物は行き場を失い、これが除染の停滞に繋がっている。除染の賛否や実現可能性の議論は不可欠だが、そもそもこれを検討する判断材料すらないのが実情である。これでは除染にともなう期間や費用の算出すらできない。

放射能汚染の状況は一様ではなく、大小様々なスケールのホットスポットが至る所にある。生活者の外部被曝の評価、除染計画の立案、営農計画や土地利用計画の策定のすべては実態把握からはじまる。それゆえに詳細な放射性物質の分布マップの作成が不可欠なのである。

## 2　除染や移住の実現可能性と社会事情

１９８６年のチェルノブイリ原発事故で甚大な被害を受けたベラルーシでは、農地の除染は基本的におこなわず、汚染実態に応じて移住の権利や義務を付与するとともに、汚染度に応じた土地利用（ゾーニング）がおこなわれた。

こうした戦略がとられた背景には、ベラルーシは、①人口密度が低く、広大で平坦な国土が広がっている、②国土の多くは国有地である、③住民自治の考え方が希薄で国家の権限が絶大である、④雇用は国家が介在する（移住をしても仕事を得やすい）、などの事情が関連していよう。

逆に日本はその対極にあり、①人口密度が高く、地形は起伏に富み土地は狭小である、②私有地が多く財産処理や補償問題が生じる、③雇用は自ら探す必要がある、などの実情がある。これが、日本で除染が争点となる背景である。

だが「除染」も「移住」も生活再建に向けた「手段」であり、「目的」ではない。移住が困難だから除染せざるを得ないばあい、除染が困難だから移住せざるを得ないばあいもあり、「移住」と「除染」は表裏一体の関係にある。つまり「移住」や「除染」のあり方は、被災地の自然・社会・政治・経済・文化に左右されるものであり、福島の実情に即して柔軟に進めなければならない。そして真に目指すべき事柄は、放射能汚染という取り返しのつかない状況にあっても、いかにして被災者の暮らしの存立基盤を取り戻し、新たな生活に向けて被災者の自立を支援してゆくのかにある。

## 3　福島県における除染の現状と課題

除染対象は主に、①住宅地、②農地、③森林の3つがある。その目的も外部被曝の低減から農作物の吸収抑制までさまざまである。除染の方法は目的に応じて変わり、何を目的とした除染をおこなうのか、場所ごとに実態把握に基づいて目的や方法をマッチングする必要がある。

また、除染は部分的な除染のみでは完結しないこと、除染によって別の弊害が生じることも問題である。たとえば遠方からも放射線が届くばあい、局所的な除染だけでは空間線量は下がらない。有意に空間線量を下げるには周囲数十mスケールでの除染が必要であり、一定の広さの除染をしなければ効果は薄い。また畑の除染は農作物の吸収抑制ができたとしても、肥沃な土壌を奪う。土壌の形成に必要な時間は、放射性セシウムの半減期以上に長く、除染は農地の生産力の低下という痛みをともなう。

稲作では水を介したセシウム吸収が問題となる。全袋検査の結果からリスクの高い圃場は極めて少ないことが知られているが、米のセシウムの吸収は土壌汚染と相関関係は認められず、土壌の交換性カリウムや水源のセシウム含有量に左右される。宮城県栗原市で2012年に180ベクレルの玄米が確認されたが、交換性カリウムの欠乏や、水源のセシウム汚染次第では土壌汚染が軽微でも、基準値を超えるコメが生産される可能性もある。

つまり稲作では水田の除染だけしても、十分な対策にはならないケースもあり、水田では除染が絶対唯一の選択とはなりえない。水田の土壌組成や水源の汚染状況もふまえた複合的な対策が必要であり、自然や地域の多様性、技術や制度の限界といった不確実性も鑑みながら、除染のあり方を柔軟に考える必要がある。

福島県では2012年夏以降、各自治体で除染計画を策定し、大手ゼネコンに代表される主体が除染作業を進めている。しかしながら除染の実行力を担保する法令が整備されておらず、その必要性すら法的位置付けがない。その結果さまざまな弊害が生じている。

第1は、何を持って除染とみなすのか（定義）、いかにして除染をするのか（方法）、除染の効果をどのように検証するのか（評価）、その統一的基準がない点である。それゆえ、不適切かつ不完全な除染が横行し、地域により除染効果に差が出ている。

第2は、除染計画を策定する際に不可欠な実態把握（放射能計測とマップ化）が不十分な点である。放射性物質の分布マップがあれば、汚染や環境に応じた除染方法が選択でき、除染を優先すべきエリアの検討ができる。汚染が軽微なエリアでは、必要かつ十分な除染の見極めから、過剰な資本や労働力の低減、仮置き場や中間貯蔵施設の負荷低減を検討することも必要だろう。とくに然るべき労働資本の投入は、除染作業者の外部被曝の低減に直結する問題であり、除染作業者の人権問題として認識する必要がある。

第3は、除染の実施主体は各自治体であることから、市町村を超えたレベルでの合理的な計画策定や、専門的対応や判断が困難なことである。本来、除染は国の責任でやるべきものであり、人的資源も専門性も限られ、被災地対応に追われる自治体の事業範囲を超えている。それこそ復興庁などの国家レベルの機関が指導力を発揮しなければならない。

## 4　風評被害の根本的原因

２０１２年度は、２０１１年度と比べて福島県産米の流通はかなり持ち直した。２０１２年は米の全袋検査によって基準値を超える米を流通させない態勢が整い、福島県産の米に不安を抱く消費者は減少傾向にある。だが「風評」被害は今も続いている。これは実際の消費者の動向よりも、むしろ「消費者が福島県産を避けている」という仮定に基づいて流通業者自身が産地を切り替えていることによる。２０１１年は（産地の切り替えが急にできなかったこともあり）店の品揃えと売上を維持するために福島応援フェアを開催した業者もあったと聞く。

その一方で、流通業者はこの1年間で別の産地を開拓したために、他県産のものに取り扱いを切り替えられてしまった所もある。取引が停止された農産物は、市場で供給過多になり、買い叩かれることで、福島県産の農産物の価格が下がる悪循環が生じている。原発事故当初に比べて、セシウム１３４の自然減少、セシウムの土壌への定着、稲作の低減対策の実施などにより、特定の果樹類や山菜・キノコ類を除いて農作物への移行は急激に低下し、多くはＮ・Ｄ（不検出）となっているにもかかわらず、である。

福島の農産物の価格低下は流通構造の変化にも原因がある。だがこれが消費者の問題に矮小化されて、価格の下落が風評被害によるものだと評価されている。

## 5　体系的な検査態勢の構築

現行の風評被害対策には大きな問題がある。リスクコミュニケーションや情報提供によって、消費者に「安心」を求める手法だけでは、風評問題の根本的解決にはならない。

たとえば首都圏の一部の消費者は、「福島に暮らす人たちが自ら地元の食材を食べているのか」と問い、福島で地産地消が停滞する中で、福島の農産物を他地域で売ることの矛盾を指摘する。こうした状況の中では福島県産の農産物の安全性がどんなに確認されたとしても、首都圏の学校給食に卸すことなど困難で、保護者の理解は得られない。

人間は科学的事実や理性だけで安心を得ることはできない。福島での農産物の生産・消費の実態、検査態勢の信頼性といった社会構造、あるいは他人の行動を見ながら行動する。それゆえ、真の風評対策は、地元生産者が確信をもって生産できる体制と信頼のできる検査態勢を作り、安全な農産物が供給できる態勢を構築することが重要となる。

■米の全袋検査の結果（2013年3月5日現在）

| | 検体数 | 割合 |
|---|---|---|
| 測定下限値（25Bq/kg） | 10,185,264 | 99.78% |
| 25Bq/kg以上、50Bq/kg未満 | 20,160 | 0.2% |
| 50Bq/kg以上、75Bq/kg未満 | 1,677 | 0.016% |
| 75Bq/kg以上、1000Bq/kg未満 | 389 | 0.0038% |
| 100Bq/kg超 | 71 | 0.0007% |
| **合計** | **10,207,561** | **100%** |

出典：「ふくしまの恵み安全対策協議会」http://fukumegu.org/ok/kome/より筆者ら作成

まず、検査態勢のあり方だが、コメ以外はあくまでサンプル検査である点を指摘しておく。外れ値（異常値）はないか、検査漏れはないか、と不安を感じる生産者や消費者は少なくない。

サンプル検査の限界を乗り越えるためには、農地の放射能計測とそのマップ化をおこない、①作物ごとの移行係数から農作物への移行を事前に予測し、検査の精度や確度を評価すること、②移行の少ない作物の導入や移行を低減する土づくりを通じて、放射性物質の移行を産地全体で制御することが重要である。こうした生産段階からの放射能対策は、消費者の内部被曝のさらなる低減につながる。

福島では2012年度より米の全袋検査がはじまった（表参照「ふくしまの恵み安全対策協議会」発表）。全袋検査によって、福島県産米のセシウム吸収の全貌が把握できたが、多くの生産者や消費者も高いセシウム吸収を予測していた。これは昨年、500ベクレルを超えた玄米が確認された地域をすべて作付制限地域とし、100〜500ベクレルの地域はすべて吸収抑制対策を施した結果である。

今回の基準値超えした71袋についても、なぜ移行が進んだのか科学的な原因究明が待たれる。そして全袋検査の結果から高いセシウム吸収のあった生産者を特定し、生産者ごとの個別の営農指導をしてゆくことで、ピンポイントの対策を図ることが今後の課題である。

このような放射性物質の分布マップや移行係数から予測するアプロ

ーチと、全袋検査の結果からリスクの高い圃場の対策をするバックキャストのアプローチとを併用することで効果的な対策が可能になる。

このような理念に基づいて、私たちは「4段階検査」を提唱している。

**第1段階**――作付前の対策として、農地の放射線量分布マップの作成とゾーニングをおこなう。すでに福島県内ではJAや農家の組織である美土里ネットが連携し、農地1枚ごとの放射性物質分布マップの作成が試みられている。

**第2段階**――このマップをもとに、地域・品目別移行率データベース化とそれに基づいた吸収抑制対策を進める。圃場の土壌特性と栽培品目などによって移行の高低が決まる。そして土壌の汚染濃度と移行係数から、農作物への移行をシミュレーションできる。

**第3段階**――このような生産段階での対策を基盤に、米の全袋検査で構築されたような自治体・農協などによるスクリーニング検査とそれを受けた国・県のモニタリング検査を整備する。

**第4段階**――さらに消費者自身が放射能測定を自由にできる機会を提供する。この消費地検査は、消費者自身の安全確認だけでなく、消費地での検証可能性を導入することによって、自治体・農協などの検査を補完ないしは監視する意義もある。

（小山良太／福島大学経済経営学類准教授＋石井秀樹／福島大学うつくしまふくしま未来支援センター特任准教授）

## 3 どのように放射能食品汚染に対応しているか

### 1　農産物の全量検査と詳細な土壌マップの作成

福島県農民連（農民運動全国連合会）は分析室を作り、2012年10月7日からＮａＩシンチレーションスペクトロメータによる農産物の分析を開始し、さらに「土壌分析」をおこなうためにウクライナから放射能測定の分析機器を購入した。これにより農産物の全量検査をおこなうことができ、その検査結果を各農産物の販売の際に表示している。

放射能への「感受性」は、消費者によって異なる。いくら基準値以下であると説明して、Ｎ・Ｄ（不検出）であると公表しても、消費者によってその判断は異なる。私たちが運営する直売所「産直カフェ」は、全生産者の放射線分析データを開示しているが、売り上げは原発事故前の8割に届いていない。福島県産を避けて、他県産のものをという要望も多い。地産地消が揺らぐ。しかし、測り続けるしかない。

さらに、いま「土壌の放射能分析」にとりくんでいる。いまだに行政による全農地の詳細な汚染マップは作られていない。汚染状況に応じた対応策こそ喫緊の課題になっている。損害を過小評価するために全農地マップを作らないのではという疑念もあるが、福島県農民連は、「土壌分析」を徹底して実行し、行政の対応を覆して、農地汚染の賠償と栽培技術の検証につなげたいと考えている。（根本敬／福島県農民連事務局長）

### 2　漁協関係者のとりくみ

原発事故にともなう〝低レベル〟放射性廃液1万トン、３５００テラベクレル（1テラベクレル＝1兆ベクレル）が海に放出されてから2年が経過した。福島県は外海に面しているため汚染された海水や海底土は拡散し放射線量は低下している。それにともない魚介類の放射線量も低下傾向にある。

県北の相馬双葉漁協は昨年から放射線量が低い魚種の試験的な漁獲・販売をはじめ、いわき市漁協では今年中にはじめる準備をしている。漁獲再開での課題は、4つある。

1つ目は、まず放射線量の測定である。魚は海中を移動するため、「検査した魚の放射線量は低くても、自分の食卓にある魚は原発の近くにいて線量が高いかもしれない」という消費者の不安が予想される。しかし、全量検査する技術はまだ確立されていない。そこで、海域全体での充分なサンプリング調査をおこなったうえで、出荷する魚の一部を検査している。しかしながら、全量検査を求める量販店もあり機械の開発が求められる。

2つ目は、2年間の休漁で意欲を低下させた漁師や仲買人などの気持ちをふたたび高めることである。とくに後継者がいない場合には、「再開しても風評被害で利益が出るのか」「津波で失った施設を再建するために借金をしても返済できるか」という不安がある。このようなリスクを減らすための施策が必要である。

3つ目は、操業を開始した場合の東電からの賠償金である。長期にわたる風評被害と価格の低迷が予想される中で、賠償金を打ち切らせないための運動が必要である。

4つ目は、確実な原発事故の収束と汚染水対策である。これができないと風評被害の克服のための努力が無になってしまいかねない。

（渡辺博之／いわき市議会議員）

## 3　パルシステムグループの放射能対策

パルシステムグループ（9生協、約130万世帯）にとって、福島第一原発事故による食品の放射能汚染は、事業の基本方針のひとつとしている食の安全・安心に関わる大問題であった。放射能対策は組合員の声にも押されて進められてきた。組合員とともに、産直産地や取引先の力も借りて、以下のとりくみをおこなっているが、これからも息の長いとりくみを続けていかなければならない。

①自主基準設定――放射線の晩発影響にはしきい値がないことから自主基準を設定した。第1段階ではセシウムによる被曝を1ミリシーベルト／年以下にするよう設定、第2段階では乳幼児用食品や米などを中心に大幅に引き下げた。

②放射能低減対策――東日本の産直産地で放射能の低減にとりくんでいる。土壌の放射能測定や土壌や樹木の除染、土壌から作物への吸収抑制などを実施している。

③放射能検査――2012年度末までに約7600件の放射能検査を実施した。放射能検査を実施するために、ゲルマニウム半導体核種分析機を2台導入した。

④組合員への情報提供――放射能検査の結果、産直産地の対策状況など放射能に関する情報をニュースなどで提供し、各地で組合員向け学習会を開催している。

（原英二／パルシステム生協連）

**ＩＣＲＰ（国際放射線防護委員会）とは**

ＩＣＲＰは、放射線にかかわる研究者や政策立案者の国際的な任意組織として発足しながらも、その被曝基準を定めた「勧告」は国際的な権威をもってきた。アメリカなどの原子力産業界の影響を強くうけている。「勧告」の被曝基準は、新たな知見もふまえて歴史的に変遷してきている。だが、その被曝基準は、原発を推進するためにどの程度まで被爆は許容され、がまんできるのかという社会的基準としてつくられてきた。原子力発電という便益をできるだけ安いコストで得ようとするコスト・ベネフィットの視点も勘案されている。そのため、ＩＣＲＰにたいしては、いのちと健康を守るという視点が徹底されていないという根強い批判がある。

# Ⅱ 事故の責任問題と損害賠償責任

## 1 事故責任を明確にしない政府・東電

原発事故を引き起こした直接の当事者として、東京電力の責任はきわめて重い。東電は、「安全神話」をふりまき、津波対策を含め、重大な事故発生の対策を怠ってきた。

3・11以降、東電は、事故は「想定外」の津波によるものとして、やむをえなかったと言いわけを繰り返してきた。放射能汚染にたいする訴訟でも、東電は、放射性物質は「無主物」だから除染する責任はないと主張した。最近では、地下貯水槽の漏えいが見つかったときも、「事故」といわずに、「漏えい事象」という言い方を用いている。いずれも、自らの加害責任をあいまいにしたい東電の露骨な意図が読みとれる。

国会事故調査委員会の報告は、福島第一原発の事故は「人災」であると断じた。3・11以前から869年の貞観地震による津波と同様の津波が発生する危険性や、施設の高さを超える津波がくれば、非常用海水ポンプが機能を失うことを、東電・政府ともに認識していた事実が明らかになっているからである。津波もけっして「想定外」ではなく、十分な対策を怠ってきたこと、原発事故も地震による可能性も否定できないことが指摘されている。

原発事故を引き起こした直接の当事者として、東電の責任はきわめて重大にもかかわらず、東電事故調査委員会の報告は自らの責任についての記述はない。

同時に、歴代の自民党政府が「国策」として原子力発電を推進してきた以上、政府の責任はあいまいにされてはならない。ある意味では、東電以上の責任がある。電力会社と政治家、官僚の癒着構造のなかで、政府もまた「安全神話」をふりまきながら、自然エネルギー軽視、原子力発電偏重のエネルギー政策をとりつづけてきたのである。そのことに頬かむりして、事故の責任を東電に押しつけ、エネルギーを確保するために原発は必要と言い出しはじめていることは許されない。廃炉に向けたとりくみにおいても、東電まかせにするのではなく、政府が前面に立って、全国の技術者の英知を集めてとりくむ必要がある。

政府と東電の責任は明らかだが、誰も責任を取っていない。そのことが、再稼働・新増設・原発輸出に前のめりになっていることや、福島県民の三大要求となっている除染、賠償、福島原発全10基廃炉に対してまともに応えない無責任さにも通底している。

## 2 政府のお粗末な安全認識と安全対策

原発にたいする政府の安全認識と安全対策がいかにお粗末であったかは、国際原子力機関（ＩＡＥＡ）が１９８８年に、米スリーマイル島原発事故（１９７９年）と旧ソ連チェルノブイリ原発事故（１９８６年）の２つの苛酷事故の教訓をまとめた「原子力発電所のための基本原則」の勧告をおこなった際にも、如実にあらわれた。

ＩＡＥＡは、この勧告で、苛酷事故対策と緊急時対策の実施を加盟国に求めたが、日本はこの勧告についての国際原子力安全諮問委員会（ＩＮＳＡＧ）の議論の段階から異論を述べて、国内の実施を拒否してきた。そして、１９９２年に、原子力安全委員会は、「発電用軽水型原子炉施設におけるシビアアクシデント対策としてのアクシデントマネージメントについて」を決定した。

この「1992年文書」は、「シビアアクシデントは工学的には現実には起こるとは考えられないほど発生の可能性は十分小さいものとなっており、原子炉施設のリスクは十分低くなっていると判断される」「アクシデントマネージメントの整備はこの低いリスクを一層低減するものとして位置づけられている」と述べ、日本では苛酷事故は起こりえないので、苛酷事故対策を国としての法規制の対象から外し、電力会社の自主活動に丸投げすることを決めたものであった。これが「安全神話」の強力な基礎となり、福島原発事故を招来した象徴的な文書であった。

ところが、原子力安全委員会はこの文書を2012年末に秘かに「廃止措置」にしている。それは、こうした文書をつくり安全対策を怠ってきた政府の責任を、自ら無反省に隠ぺいしようとする以外のなにものでもない。

## 3　完全賠償を求めて訴訟へ

原発事故を引き起こしたことに対する政府、東電の態度は、損害賠償問題とも深くかかわっている。

今回の事故に関して原子力損害賠償紛争審査会が設置されたのは2011年4月、第1次中間指針が策定されたのが同年8月5日であった。そこでは、「中間指針に明記されない個別の損害が賠償されないということのないよう留意されることが必要である」とされていた。しかし、他方では、「本件事故と相当因果関係のある損害、すなわち社会通念上当該事故から当該損害が生じるのが合理的かつ相当であると判断される範囲のもの」とわざわざ断っているように、本件事故に起因して実際に生じた被害のすべてが、原子力損害として賠償の対象になるものではない、という趣旨が盛り込まれている。完全賠償ではないのである。

政府も東電も賠償をどこまでも狭く、小さくしようとしており、交渉を繰り返しても、結局、原子力損害賠償紛争審査会が示した賠償基準以上の要求のほとんどが拒否されることとなった。

同時に、いわき市のようないわゆる低線量被曝地域での賠償責任については、第1次中間指針から省かれ、損害賠償の対象外にされている。そのため、いわき市民を中心に「原発事故の完全賠償をさせる会」（以下「賠償させる会」）が発足したのはある意味では当然であった。その後、福島県民の強い怒りや運動によって、「中間指針の追補」や「第2次追補」が出され、県内150万人が住む低線量被曝地域も賠償の対象となったが、賠償額はきわめて低額であった。これに対し、「賠償させる会」などが政府と交渉しても、東電・政府からはゼロ回答であった。

ここでは、この「賠償させる会」がかかわる2つの裁判について紹介しておきたい。

1つは、「ふるさとを返せ・福島原発避難者訴訟」である。いわき市には2万4000人もの、避難区域からの避難者が居住している。「賠償させる会」には当然避難者も入会している。訴訟は、2012年12月3日、18世帯の40人で、東電に対して約19億4000万円の損害賠償を求めて地裁いわき支部に提訴された。原告団は、事故当時、南相馬市・双葉町・楢葉町・広野町などに住み、全員が現在も県内外で避難生活を送っている避難者である。

もう1つは、「元の生活をかえせ・原発事故被害いわき訴訟」である。この訴訟は、2013年3月11日に822人が国と東電を相手に損害賠償を求めて地裁いわき支部に提訴された。避難地域以外の被災者による、政策形成を求めて大集団でおこなわれたという点で、全国最初の訴訟であると思われる。

822人の内訳は、子ども（事故時、0歳児から18歳未満）148人、そのうち、事故後に懐胎・誕生した子ども8人、妊婦（事故時に妊娠していて分娩前であった人）6人、その他668人である。最高齢者は88歳である。

訴訟は、苛酷事故を発生させないようにする義務を怠り、事故後も避難等についての適切な情報を提供しなかったために、「放射性物質によって汚染されていない環境において平穏に生活する権利」が侵害されたことに対して、政府と東電を相手に提訴されたものである。平穏生活権は、「恐怖と欠乏から免れ、平和のうちに生存する権利」（憲法前文）、「生命、自由及び幸福追求に対する国民の権利」（憲法13条後段）によって保障され、それは居住・移転の自由（憲法22条1項）、生存権（憲法25条1項）、これらの基底をなす人格権（憲法13条）に基づくものである。訴訟は、事故後いわき市全域において、空間線量が毎時0・04マイクロシーベルトのレベルまで現状回復の措置をおこない、かつ、第一原子力発電所の廃炉が完了するまで毎月発生する慰謝料を支払うことを求めている。

## 4　政策形成訴訟としての基本的要求

この訴訟は、損害賠償だけではなく、政策形成訴訟としての基本的要求をも提起している。

①被告国と自治体と被告東京電力が主体となってすべての被災者、とりわけ子どもたちについてはより強く、生涯にわたって健康を維持するために適切な施策を確立し実施すること。

②将来万一疾病が発生したばあい、とりわけ子どもについては長期にわたり生涯安心して治療に専念できるための公的支援策を確立すること。

③低線量汚染地域であるいわき市をはじめ福島県下の各地域で「3・11」以前の状態に復元するとりくみを国・地方自治体・東京電力の責任で強力に推進すること。その中で、被災者の受けた苦痛に対して適切な慰謝をおこなうこと。

④原発公害の発生源である第一原発1号機から4号機の完全収束の実現と、現在稼働停止中の第1原発・第2原発すべての完全廃炉を実現すること。

⑤放射能汚染についての基本的知識について、学校教育をはじめとして社会的普及をはかり、福島原発公害被害者に対する偏見にもとづくいわれなき社会的差別を克服すること。

以上の施策などを盛り込んだ「福島原発放射能被害補償法」（仮称）の実現を、この訴訟は目指している。

（伊東達也／原発事故の完全賠償を求める会代表委員）

### 政府や東電による原発事故情報の出し渋りや隠ぺい

国境なき記者団（本部、パリ）は毎年、「世界報道自由ランキング」を発表しているが、日本は、震災前の２０１０年の11位から２０１３年には53位に後退した。理由は、「ジャパン・タイムズ」（２０１３年２月10日）によれば、福島第一原発事故にかんする情報へのアクセス不足にあった。そうなったのは、原発事故にかんする情報の出し渋りや隠ぺいによって、情報への自由なアクセスができなかったからである。

情報の隠ぺいの最大のものは、政府による緊急時迅速放射線予測システム（ＳＰＥＥＤＩ）の情報を、米軍には伝えながら、すぐには公開しなかったことであろう。公表したのは、研究者からの批判を受けて、事故後12日後のことである。公表が遅れたために、不必要な放射能を浴びる人たちが出てしまった。だが、関係省庁は責任のがれの言いわけに終始し、だれも責任をとっていない。１号機がメルトダウンしている事実を認めたのも、事故後かなり経ってからである。

東電の場合、情報の出し渋りや隠ぺいは体質的なものといえよう。国会事故調査委員会の報告が、東電の「情報公開の姿勢」として、「特に不都合な情報は開示しない」と指摘しているところである。第一原発への国会事故調査委員会の立ち入り調査を事実に反する理由で拒否したことが明らかになったが、これも情報操作によるものである。

原発事故のような危機的状況のときほど、情報を正確に、迅速に公開していくことがなによりも大切になる。そうでないと、不安や不信をつのらせるだけである。政府や東電がおこなったのは、それとまったく逆のことであった。

# Ⅲ 原発ゼロでエネルギーと地域経済はどうなるか

## 1 原発ゼロのエネルギー政策

### 1 安倍政権のエネルギー政策——その反国民性

福島原発事故は、原子炉のなかの膨大な放射性物質を完全かつ安全に閉じ込める技術は存在しないことを明らかにした。「原発安全神話」は崩壊し、原発に頼らないエネルギー政策への転換が求められている。

一方で、地球温暖化は急速に進んでいる。工業化（1850年頃）以前から2℃を超える平均気温の上昇は、人類の健全な生存を脅かすといわれているが、現状のままの温室効果ガスの排出が続けば、地表の平均気温上昇が今世紀末には4℃になると予測されている。温室効果ガスの削減も一刻の猶予も許されない。原発に依存せず、温室効果ガスを削減する新たなエネルギー政策が求められている。日本政府は、これまで原発の活用なくしては、エネルギー安定供給はもちろん、地球温暖化問題への対応はおよそ不可能との立場であった。

2009年に発足した鳩山民主党政権は、2020年までに温室効果ガスを1990年比で25％削減することを国際的に公約し、2012年9月には野田政権が「原発ゼロ」を支持する圧倒的な国民世論に押されて、「2030年代に原発ゼロを目指す」とする「革新的エネルギー・環境戦略」を発表した。

しかし、2012年末に発足した自民党安倍政権は、「原発ゼロ」についても、国際公約となっている25％

削減目標についても、「ゼロベースで見直す」としている。安倍政権は、原発政策を継続し、温暖化対策を大幅に後退させるエネルギー政策に大きく舵を切ろうとしている。

## 2 平和で安全な自然エネルギー

原発を将来のエネルギー源として選択すべきかどうか、また有効な地球温暖化対策として推進すべきどうかは、原発についての、①安全性（事故や天災）、②環境性（$CO_2$排出量）、③経済性（発電コスト）、④放射性廃棄物の処分、⑤破壊活動に対する脆弱性、⑥原発なしにエネルギー供給が賄えるか、などの検討が必要である。$CO_2$排出量や発電コストについては、近年の研究では原発は自然エネルギーに比べて$CO_2$排出量が数倍も多く、発電コストも原発がもっとも高いとされている。また、放射性物質の処分管理には数万年単位の気の遠くなるような年月がかかること、原発は破壊活動の標的になりやすく、破壊されると福島原発事故以上の被害が生じることを考える必要がある。

一方、自然エネルギーには、①$CO_2$の排出量が少なく、大気汚染などの公害もなく、環境に優しい、②枯渇しない、③小規模・分散型で災害に強い、④平和で安全という特長がある。石油などの化石燃料は偏在しており、これをめぐって過去何度も戦争が起こっているが、太陽光や風は世界中どこにでもあるので、エネルギー源の争奪戦争など起こりようもない。

## 3 脱原発も25％削減も可能

脱原発も温室効果ガスの削減も、究極的には2つの方法しかない。エネルギー消費を減らす省エネと、太陽光や風力、地熱などの自然エネルギーへのエネルギー源の転換である。

私が所属するCASA（NPO法人　地球環境と大気汚染を考える全国市民会議）では、独自に開発した

■実質GDPと$CO_2$排出量の経年変化（全原発即時廃止シナリオ）

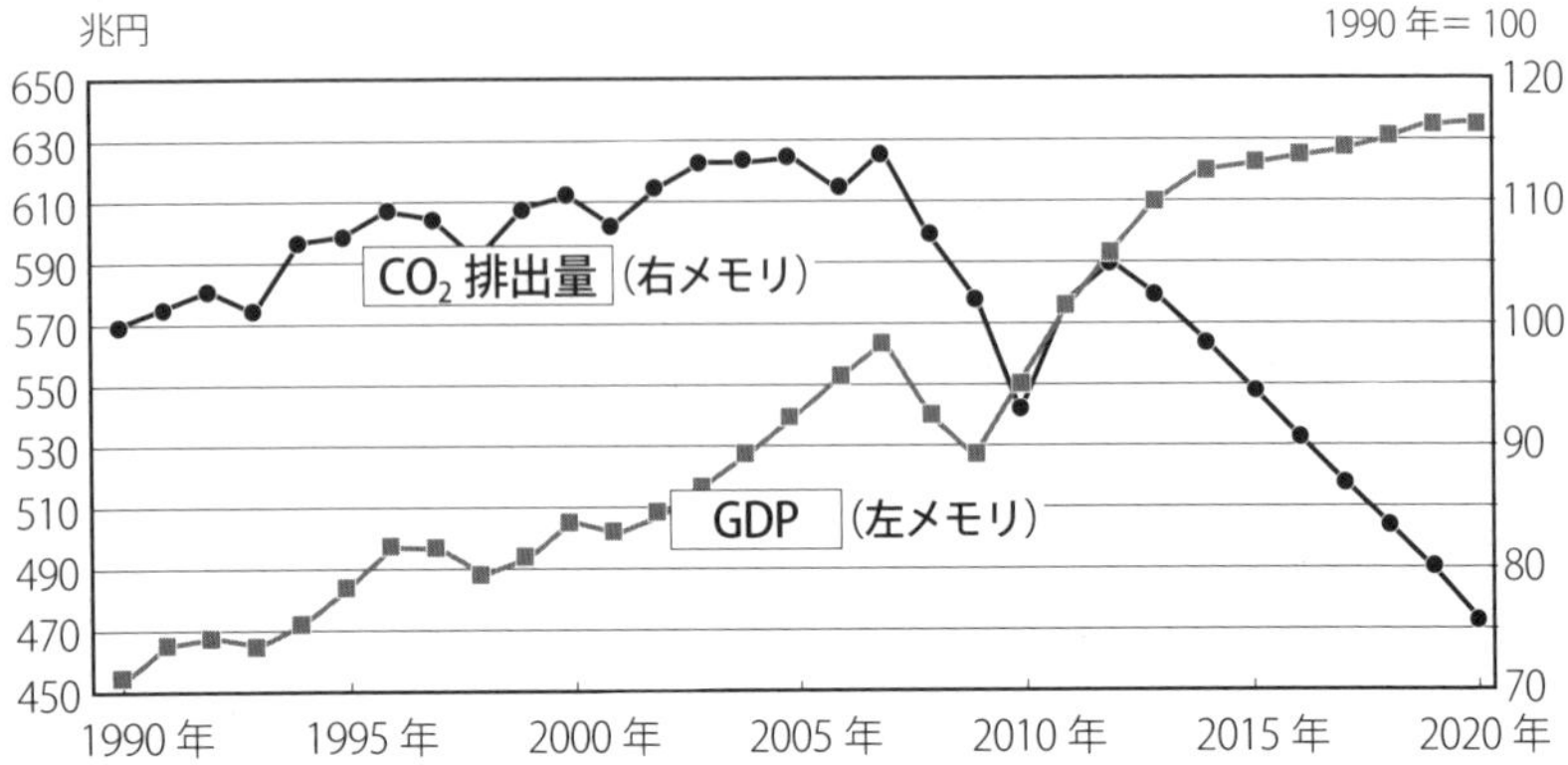


「CASA2020モデル」によって、日本における、エネルギー転換（発電所など）、産業、運輸、商業、家庭などの部門でのエネルギー源の転換や省エネの可能性、また自然エネルギーの普及可能性を検討し、原発に頼らず、2020年のエネルギー需要を賄えるか、2020年までに$CO_2$排出量の25％削減が可能か、さらにこうした対策が経済に与える影響について検討した。

省エネ技術については、現在すでに利用可能な技術のみに絞っている。エネルギー転換部門については$CO_2$排出量の多い石炭火力を減らし、自然エネルギーを大幅に普及するシナリオになっている。原発については、①原発再稼働あり、②2030年全廃、③2020年全廃、④全原発の即時廃止の4つのシナリオで検討した。

試算の結果は、省エネ対策などによるエネルギー需要量の削減と、エネルギーシフト（脱原発・脱化石燃料、自然エネルギーの普及）によって、全原発を即時に廃止しても、電力需要を賄い、2020年に$CO_2$排出量を25％削減することは可能との結果になった。また、この温暖化対策の実施によるGDP（国内総生産）や失業率に与える影響はほとんどなく、かえって165万人程度の雇用増が見込まれる。これは東北地方の製造業65万人の2・5倍、原子力産業の雇用4・5万人の実に37倍である。

図は、$CO_2$排出量とＧＤＰの経年変化のグラフである。$CO_2$排出量を減らしながら、経済成長は確保できている。こうした$CO_2$排出量を減らしながら、ＧＤＰが増加する形は、すでにヨーロッパでは普通に見られるシナリオである。

以上のように、ＣＡＳＡの検討では、原発の即時廃止と温室効果ガスの２０２０年25％削減の両立は実現可能である。

## ４　自然エネルギーの普及に必要な発送電分離

自然エネルギーの普及には電力の自由化が必要である。電力の自由化がなされることによって、消費者が自然エネルギーなどの電気の種類を選べるようになる。

日本では、これまで１９９５年、１９９９年、２００３年の３次にわたる自由化がおこなわれ、発電部門や小売の自由化、卸売り電力市場の創設などがおこなわれてきたが、実質的にはまったく機能していない。２０１０年度で新電力のシェアは3・5％に過ぎず、一般の電力会社による地域外への販売は1件のみである。その原因は、送電線を電力会社が独占していることにある。日本の発電設備の85％を所有している電力会社は、当然に自社の発電電力を優先し、自然エネルギーは後回しになる。また、電力会社は送電線の利用料金（託送料金）を高く設定することによって、自然エネルギーの導入を阻んできている。

欧米でおこなわれているように、発送電を分離して送電線を政府や公共団体の規制下に置くことによって、公平・中立な送電線の利用が可能となり、自然エネルギーが普及することになる。

２０１３年4月2日、安倍内閣は、「２０１８～20年」を目処に法的分離方式による発送電分離を目指すとする「電力システムに関する改革方針」を閣議決定した。しかし、「２０１８～20年」はあくまで目処で、電力会社などの反対で先送りされる可能性がすでに指摘されている。また、「法的分離方式」とは「子会社方式」で、親会社である電力会社の影響力が強ければ、実質的には「分離」にはならない抜け穴も用意されている。

### 5　必要なかった再稼働

2012年夏、関西電力管内は電力需給が逼迫《ひっぱく》し「停電の恐れ」があるとして、大飯《おおい》原発第3、4号機の再稼働が強行された。しかし、2012年夏の関西電力管内の最大電力は予想を約300万kW下回り、大飯原発第3、4号機の236万kW分がなくても十分な余力があった。このことは、すべての原発を即時に廃止しても、電力需給は十分賄えることを示している。

原発ゼロと温室効果ガスの削減を両立させるエネルギー政策こそが、将来世代に対する私たちの世代の責務である。

（早川光俊／CASA（NPO法人　地球環境と大気汚染を考える全国市民会議）専務理事）

## 2 原発ゼロ後の地域経済をどう志向するか

### 1　過疎化のなかでの原発建設

これまで「原発」の多くは、「安全神話」を振り撒きながら、「万が一」の事故を想定して、人口密集地やその周辺地域を避け、はるかに遠い過疎地域に設置されてきた。脱原発後の地域経済のあり方を北海道電力・泊《とまり》原発（3基・合計出力207万kW）の事例から考えてみたい（図①）。

泊村は北海道後志《しりべし》総合振興局管内にある村で、古宇《ふるう》郡に属す。北海道で唯一の原子力発電所がある。村の名前の由来は、アイヌ語の「ヘモイトマリ（マスを寄せる入海）」。村は古くから炭鉱と岩内湾の豊かな漁場によって発展してきた。また周辺地域も、沿岸・前浜漁業を中心に生計が立てられ、共和町では水稲栽培や集約農業の展開によって高収入を得ていたのである。しかし、１９７０年代以降の炭鉱の閉山や２００カイリ規制による北洋漁場からの締め出しによる沿岸漁業への大型漁船の集中など、外的な要因によって地域産業は衰退し、人口は急減していった（表①）。いわば、過疎化の急進展である。ただし、共和町のばあい、50％におよぶ生産調整にもかかわらず、青年部を中心に集約的農業の展開によって高生産性農業を成し遂げている。このため、原発と農業は共存し得ないとして、推進派町長に対しリコール請求運動を起こしている。

泊村は、きびしい地域状況を乗り切るために巨額の政策資金を必要としていた。このため国や自治体、電力会社は、「危険な施設設置」に対する住民への説得材料として、以下のような説明をおこなう。これは多くの原発立地地域に共通していることでもある。

すなわち、原発建設予定地になると、多額の電源三法交付金によって教育や福祉施設の整備がおこなわれ、漁業権消滅には巨額の補償金が地域に支払われる。また、農漁業などの衰退には地域振興資金などが支払われ、産業施設などが一新される。

建設期間中では巨額の建設工事が地元の土木・建設業者を潤し、地元からの雇用を拡大する。また、従業員に支払われる給料や建設工事関連機器・備品等の購入は地元小売業やサービス業を潤し、地域経済は活性化する。人口は徐々に増加する。運転開始後は原発施設関連雇用が増加し、巨額の固定

図①　泊原発の周辺市町村

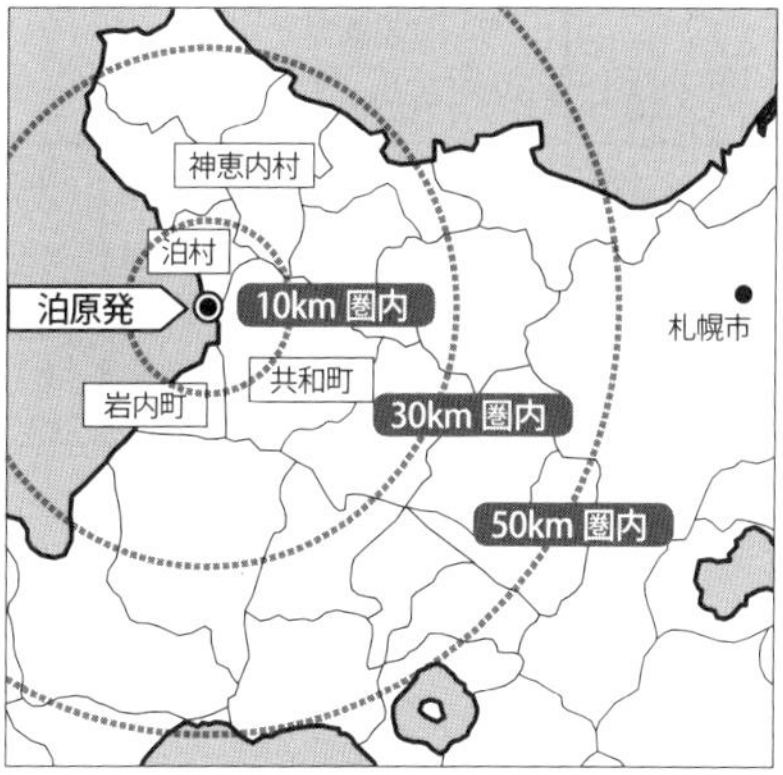

出所：「北海道新聞」2011 年 10 月 27 日付より

表① 泊原発関連地域の人口（国勢調査）

| 地域 | 人口数（人） | | | | | | 年平均増減率（%） | | | | 減少率* |
|---|---|---|---|---|---|---|---|---|---|---|---|
| | 1960年 | 1970年 | 1980年 | 1990年 | 2000年 | 2010年 | 60-70 | 80-90 | 90-00 | 00-10 | |
| 泊　村 | 8,576 | 3,377 | 2,788 | 2,376 | 2,040 | 1,883 | -6.1 | -1.5 | -1.4 | -0.8 | 44 |
| 岩内町 | 25,093 | 25,799 | 22,373 | 19,372 | 16,726 | 14,451 | 0.3 | -1.3 | -1.4 | -1.4 | 44 |
| 神恵内村 | 3,639 | 2,014 | 2,014 | 1,596 | 1,325 | 1,122 | -4.5 | -2.1 | -1.7 | -1.5 | 44 |
| 共和町 | 13,316 | 9,428 | 7,931 | 7,691 | 7,249 | 6,428 | -2.9 | -1.3 | -0.6 | -1.1 | 32 |

＊減少率＝1970年に対する2010年の減少率

資産税収入は自治体財政を潤す。

やがて、これらが「過疎化を解消」し、「地域経済発展の百年の大計を保証する」と確約していた。このような事前の経済的側面でのメリット強調は立地推進（賛成）に大きな効果をあげる。

## 2　原発建設によって、泊村はどう変貌したか

だが、現実はどうであったのか。たしかに北海道電力から地域に支払われた地域振興資金や漁業権消滅補償金などは巨額に上っており、泊村を中心に電源三法交付金や固定資産税なども多額であった。しかし、これによって「過疎からの脱却」がはかられ、「百年の大計が保証された」のかというと必ずしもそうではない。漁業者は運転後の風評被害を恐れ、補償金や地域振興資金を個人配分し、他地域へ転出していく。地場産業の衰退につながり、建設工事による雇用増も非正規・短期間雇用で定着しなかった（表②）。また、電源三法交付金による公的施設の整備は維持費や人件費を上昇させ、村の財政の増収効果を相殺させる。人口の増減数を見れば、共和町を除いては、過疎化に歯止めがかかっていないことは明白である。加えて、原発の法的耐用年数は40年である。泊原発1号炉は運転開始後24年、2号炉は22年が経過し、十数年後には確実に停止される。その時、地域はどのように対応するのであろうか。

多くの立地地域は、かつては高いレベルで地場産業が展開され、かなり

表② 泊村・主要産業別就業者の推移（国調）

| 産業 | 実数（人） | | | | 構成比（%） | | | |
|---|---|---|---|---|---|---|---|---|
| | 1975年 | 1985年 | 1995年 | 2005年 | 1975年 | 1985年 | 1995年 | 2005年 |
| **総　数** | **1,311** | **1,792** | **956** | **1,025** | **100.0** | **100.0** | **100.0** | **100.0** |
| 農　業 | 38 | 16 | 3 | 3 | 2.9 | 0.9 | 0.3 | 0.3 |
| 漁　業 | 267 | 180 | 75 | 85 | 20.4 | 10.0 | 7.8 | 8.3 |
| 建設業 | 337 | 894 | 237 | 323 | 25.7 | 49.9 | 24.8 | 31.5 |
| 製造業 | 148 | 59 | 41 | 37 | 11.3 | 3.3 | 4.3 | 3.6 |
| 卸・小売 | 145 | 115 | 118 | 100 | 11.1 | 6.4 | 12.3 | 9.8 |
| 運輸通信 | 36 | 28 | 22 | 19 | 2.7 | 1.6 | 2.3 | 1.9 |
| 電気ガス | 3 | 30 | 64 | 72 | 0.2 | 1.7 | 6.7 | 7.0 |
| サービス | 226 | 356 | 301 | 303 | 17.2 | 19.9 | 31.5 | 29.6 |
| 公　務 | 79 | 80 | 74 | 72 | 6.0 | 4.5 | 7.7 | 7.0 |
| その他 | 32 | 34 | 21 | 11 | 2.4 | 1.9 | 2.2 | 1.1 |

の人口扶養力を持っていたのであるが、原発建設によって「原発の虚構的な経済効果」のみが喧伝されている。また、原子力施設は放射能に汚染された特殊な施設であるがために、耐用年数が過ぎても簡単に解体処分できない。いわば、長期にわたって持続的に発展しなければならない地域経済社会とは相いれない施設の典型である。そうであるからこそ、原発依存の外来型地域政策を転換しなければならないのである。

泊原発地域は、沿岸部での「養殖漁業」や共和町の「商業的農業」などによって、地味ではあるが着実に地域発展に大きな役割を果たしている。原発設置地域は、いまから「廃炉後」を見据えて、全国の過疎地域振興の成功例に学ぶべきである。地域振興に「即効薬」はない。

（小田清／北海学園大学教授）

# Ⅳ 建設された原発・ストップした原発

## 1 志賀原発と珠洲原発の反対運動から学ぶ

### 1　建設された志賀原発と中止された珠洲原発

1960年代に太平洋ベルト地帯ではじまった臨海工業開発の波が、政府の「新産都市」構想に基づいて日本海地域にもおよんだ。当初、電力会社は、火力発電所建設に力を注いできたが、原発建設も推進しはじめた。1967年に、北陸電力が志賀原発の建設を表明し、1975年には北陸電力、関西電力、中部電力の電力3社によって珠洲《すず》原発の共同開発（原発の共同基地構想）が計画された。1973年に立法化された電源三法がそれを後押しした。

原発の建設は有無をいわせずに、地域住民を巻き込んできた。賛成であれ、反対であれ生活は一変する。権力と財力の上に、地域を競わせ有利な条件を選んで押し付ける。知事が賛成し、市町村長ももろ手を挙げて歓迎する。電力会社は福島、刈羽《かりわ》・柏崎のように、上手く立ち回って土地を取得する。美浜、敦賀のように、道路建設などと引き換えに土地を取得する。自然環境より社会環境（反対の市町村議員の有無など）が重視される。

志賀《しか》原発のばあいも、珠洲原発のばあいも、事情は同じであった。原発建設に反対する住民の運動は、粘り強く展開された。日本科学者会議石川支部は、住民と連帯して、反対運動の一翼を担った。珠洲原発は、

２００３年に建設計画の中止に追い込んだが、志賀原発のばあいは、残念ながら、追加買収について公権力の介入をはねのけることができず、１９９３年に第1号機、２００６年に2号機の運転が開始された。だが、４基の建設可能な計画を2基におしとどめたのである。

## 2 福浦地区と赤住地区の反対運動

志賀原発予定地の福浦《ふくら》（旧富来町《とぎまち》）、赤住《あかすみ》（志賀町《しかまち》）の両地区は能登半島の中央部の日本海に面するところにあり、漁業と農業が中心の集落で、北前船の伝統があり多くの若者が船員となっていた。福浦には北前船の中継港となった天然の良港があった。しかし、原発に対しては2つの地区は対照的であった。

北の福浦地区では、有志が直ちに「能登原発反対期成同盟」を結成し、反対運動をはじめた。一方、南の赤住地区では、長い間の習慣のまま、地主など地区の幹部まかせであった。烏帽子親《えぼしおや》制度（名づけ親制度）も遺っており、まだ影響力をもっていた。福浦からの呼びかけにも応じなかった。

日本科学者会議石川支部は、パンフレットの作成、講演会の開催、講師の派遣など、反対運動をはじめた。１９７０年8月に、赤住の区長は、区長一任の委任状を集め、北陸電力は赤住地区の予定地の買収を開始した。同時に福浦地区の買収を断念し、赤住地区に追加買収を求めた。これには、赤住地区もこぞって反対した。北陸電力はあわてて追加買収地を縮小し、地区幹部はこれに同意してしまった。そのため、ようやく住民も意を決して、71年初めに、原発に反対する「赤住を愛する会」「赤住船員会」などを結成した。赤住地区では、反対組織の代表も含めて「能登原発問題対策協議会」を結成して、追加買収に対する本格的協議がはじまった。

1年ほど続いた赤住の対策協議会はまとまらず、72年3月に住民投票をおこなうことを決定した。住民投票の方法は、賛否とも、3分の2以上で集落の方針とする、ただし個人の土地の売買を拘束するものではない、記名投票とする、外国航路商船や遠洋漁業船に乗る海員の投票を保証するために、投票期間を1カ月とする、というものであった。反対者の多い船員の投票もぞくぞくと集まり、石川県は賛成少数を恐れたのか、「記名投票だから集落が混乱する」と難色を示し、投票が終わると住民の自主的な行動に介入し、開票を中止させた。開票をめぐって、協議はえんえんと8月まで続いた。県当局は、「住民投票の廃棄、来年3月まで協議し、協議不成立のばあいは原発問題凍結」のかたちで調停した。

翌年3月までの間に反対の人びとの切りくずしもできず、「追加買収問題を凍結する」臨時総会が招集された。総会が開かれると、「凍結」とは無関係な、受入の緊急提案などの強引な運営がおこなわれた。それに抗議して反対の人びとが退席すると、賛成が過半数に届かないにもかかわらず追加買収を決定した。これを受けて、北陸電力は直ちに賛成する人びとには100万円を供与して賛成者を拡大した。赤住の反対の人びとも外部の人びととの連携を決意した。赤住・福浦の住民組織を含む原発反対組織が誕生し、運動は全県民的課題となった。赤住の代表とともに日本科学者会議石川支部はその代表を務めた。

原発建設には、周辺の海域調査が必要である。しかし、関係8漁協のうち、4漁協が北陸電力のおこなう海域調査には反対した。そのため、石川県は、漁業の許認可権を背景に、海域調査に強く反対する西海漁協の会長を辞任させて、調査に賛成させ、海洋調査を実施し、その調査結果を北陸電力へ「転売」した。

追加買収では、住民自治を踏みにじり、26年かかって北陸電力は志賀原発の運転に漕ぎ着けた。

## 3　珠洲原発建設計画反対の住民運動

珠洲《すず》市は、石川県の北東部、能登半島の先端に位置。大伴家持が能登を含む越中の国守であった時に訪ねるなど古くから開けた土地であったが、新全国総合開発計画では、能登半島は若狭地方と並ぶ電源基地として位置づけられていた。過疎化のなかで、1975年になると、珠洲市当局は原発誘致にのりだした。

1984年には、北陸、関西、中部3電力会社は珠洲電源開発協議会を結成し、高屋に関西電力、寺家《じけ》に中部電力、北陸電力は地元との調整にあたると発表した。関西電力と中部電力はさまざまの方法で個別に土地の取得をはじめた。

原発立地の動きに対して、志賀原発反対の流れを受けて、珠洲市最大で石川県でも有数の漁協・蛸島漁協が反対の意思を表明し、その立場を最後まで貫いた。また、多くの真宗大谷派の僧侶を中心に宗教家が行動に立ち上がった。労働組合をはじめ多様な反対運動が珠洲市全体に広がり、そのネットワークが運動の調整・連携に役割をはたした。反対運動が始まると、漁協推薦候補者をはじめ、多数の原発反対の市会議員が生まれた。市長選でも善戦し、県議選でも反対議員が誕生した。１９９３年の市長選では、推進派は危機感をもって臨み、当選を果たした。しかし当選したとはいえ、選挙結果に疑問をもたれ、１９９６年最高裁から選挙無効を言い渡された。

１９８９年、関西電力は、「立地可能性調査」と称して高屋で現地調査に入った。多くの市民が現地で反対運動を展開し、調査の継続を困難にさせ、市役所で、関西電力の調査を止めさせるように市長に迫った。長期にわたる交渉の結果、関西電力は調査を中止せざるをえなかった。

２００３年、ついに3電力会社は、珠洲市における原発建設を断念することを明らかにした。これは、電力需要の停滞、電力自由化とその中での過剰な電源設備の負担に加えて、建設の見通しが立たないことが大きく影響した。珠洲原発構想から28年の長期間にわたって、予定地の人びとの強い意志、これと共同する市民、県民、全国の人びとの連帯の成果であった。

## 4　住民自治による生活と権利を守る運動

電力会社は、国の方針を旗印に、原子力発電所や火力発電所の建設を一方的に推進してきた。さらに、石川県をはじめ関係した自治体は、これを支持・協力し、推進してきた。あるばあいには、電力会社になりかわって当事者のようにふるまった。議会もまた、賛成者多数に名をかりてそこで生活する住民の意見を無視してきた。

石川県の原発反対の運動は、地域のことはそこに住み、生活する住民自らが決める住民自治の原則にもとづいて、地域住民の生活と権利を守り、民主主義を確立する運動であった。原発反対の運動の経験を背景に、現在、さまざまなかたちで志賀原発の廃炉をめざす活動が続いている。

（飯田克平／ＪＳＡ石川支部常任幹事）

## 2 住民投票で原発を止めた経験に学ぶ

### 1　住民投票で巻原発を白紙撤回させる

住民投票で原発を止めた貴重な例として、１９９６年に新潟県の旧巻町（現新潟市）で実現した巻原発住民投票がある。圧倒的な勝利によって巻原発建設の白紙撤回を勝ち取ったのである。旧巻町で実現した巻原発住民投票の実現と住民投票勝利の経過を振り返ってみよう。

東北電力は、観光施設目的を隠れ蓑にして、１９６５年頃から巻原発用地の買収をはじめていた。１９６９年に原発建設を発表したが、後の住民投票運動で鍵となった「町有地や民有地や反対地主会等の土地」が建設予定地に含まれていた。

１９９６年8月4日に新潟県巻町では、巻原発建設の是非を真正面から問う住民投票が日本で初めて実現した。じつは、巻原発建設予定地から17㎞の新潟大学では、１９９４年4月から5月の1カ月足らずに３６６０人にも及ぶ原発反対署名を集めた（五十嵐キャンパスの教員の過半数・全構成員の3分の1以上の署名）。この原発反対アッピール署名が記者会見（5月23日）で発表され、当時の佐藤莞爾巻町長への申し入れ（6月9

日）や、平沼征夫新潟県知事への申し入れ（6月29日）がおこなわれた。いずれも、新聞やテレビで大きく報道された。これらを契機に巻原発反対の世論は大きく盛り上がり、巻町内外で原発反対運動が高揚・発展していった。

新潟大学に「原発住民投票ネットワーク」がつくられ、原発住民投票のホームページが立ち上がった。原子力ムラ・資源エネルギー庁の６回の連続講演会や「安全神話」大宣伝（原子力推進派学者総動員作戦）に対して、全国講師団による６回の連続原発問題講演会や現地地域懇談会、無数の宣伝ビラで真向から批判し、その内容はウェブで広く市民に伝えられた。巻原発反対の「幸せの黄色いハンカチ」シンボルが、巻町中にはためいた。

住民投票の結果は、原発反対票は有効投票の過半数を大幅に上回り（61・２％）、「巻原発ノー」が巻町の住民の総意であることがはっきりした。住民投票の最終結果は、有権者２万３２２２人、投票総数２万５０３票（88・29％）、巻原発建設に反対１万２４７８票（有効投票中61・22％）、賛成７９０４票（同38・78％、）、無効１１８票、持ち帰り３票だった。

注目に値するのは、88・29％というきわめて高い投票率である。4半世紀にわたる住民運動の総決算として、巻町の住民１人ひとりがこの住民投票をいかに本気になって実現・参画してきたかを示している。また、全有権者２万３２２２人の54％という絶対過半数を超える原発反対票は、住民のゆるぎない総意を示すものだった。電源三法交付金は、原発の不安をお金（「迷惑料」）で解消しようとする「取引」である。予算規模だけは「迷惑料」によって「成長」しても、地域経済力は「発展」しなかった。新潟市に隣接する巻町は、「迷惑料」に頼らない地域の特色を生かした発展への道を選択し、環境・安全を失う「迷惑料」を拒否した。

巻町が町有地を原発反対派住民らに売却したことが「町長の裁量権の範囲内であり合法」との一連の裁判判決が確定し、東北電力は巻原発建設を白紙撤回した。

## 2　巻原発住民投票実現までのきびしい闘い

住民投票の2年前、1994年8月7日におこなわれた町長選挙が、新しい原発反対運動の開始であった。とくに、巻住民が「青い海と緑の会」を結成し、私立保育園長の相坂功氏が原発反対を掲げる町長候補者となった。そして、原発慎重を選挙公約とした村松治夫候補（実は後に原発建設のために奔走）と3選をめざした原発推進派の佐藤候補、の三つどもえ町長選挙となった。

当選した佐藤町長の得票9000票は、原発反対・慎重の候補の総計1万600票に及ばなかった。1994年10月に巻原発住民投票を実行する会が発足。11月に「実行する会」が町主導の住民投票実施を佐藤町長に求めたが、町長は拒否した。そこで、1995年1月22日から2月5日までの15日間に、自主管理の住民投票（町が体育館の使用を許可せず新潟地裁に提訴）を実施した。この自主管理の住民投票に、有権者2万2858人の45％が投票し、95％9854人が建設反対となった。佐藤町長は、自主管理住民投票は法的根拠がないとこれを無視した。

東北電力は佐藤町長に町有地売却の申し入れ（95年2月13日）、町有地売却の賛否を問う臨時町議会を2月21日に招集すると一方的に宣言した。これが原発住民運動の大きな分岐点だった。町有地売却差し止めの監査請求、ハンガーストライキなどが展開された。機動隊出動で強硬突破を謀ろうとする臨時町議会の企図が住民に事前に伝わり、町民の粘り強い訴えで流会した。

直後の4月に町議選がおこなわれ、原発建設の是非を問う希にみる激しい町議選の結果、住民投票条例制定派が過半数（12議席）を占めた（上位5人・新人女性上位3人）。現職の条例反対派である原発推進町議は落選し、改選前の16議席から10議席に激減した。6月町議会では「90日以内の住民投票実施」の条例案が提案され、条例制定派の2人が原発推進派に寝返ったが、奇跡的に賛成多数で可決された。

しかし、9月定例町議会で原発推進派は住民投票の骨抜きをねらい、直接請求が賛成10、反対10で議長裁決によって「90日以内に投票を実施」から「町長が必要と認めたとき、議会の同意を得て実施」にされてしまった。政府・電力・原発推進派が一体となった巨大権力の前に住民運動もこれが限界かと思われたが、町有地売却は町長の専決事項とする佐藤町長、「リコール決着前に町有地を売ってもらえるなら買いたい」との八島俊章東北電力社長発言などがリコール運動の火に油を注ぎ、町長リコールへの気運が高まった。10月31日、自主管理住民投票に体育館を貸さなかった町は、新潟地裁から賠償命令の判決を受けた。

11月14日に佐藤町長のリコール署名が開始され、有権者の3分の1を超える1万2３1人の署名が町選挙管理委員会に提出され、佐藤町長は辞職した。96年1月の町長選挙で、自主管理住民投票をおこなった巻原発住民投票を実行する会の笹口孝明氏が町長に当選した。笹口町長は住民投票の7月実施を議会に要請し、町議会で住民投票を8月4日に実施することを決定し、巻原発住民投票が実現した。

欧米では国民投票で原発ゼロを決定づける民主主義がスリーマイル・チェルノブイリ・フクシマを経て決定的に強化された。日本では3・11後に原発稼働の是非を問う住民投票条例案が4つ（大阪市・東京都・静岡県・新潟県）の議会に上程されたがいずれも否決された。巻町の4半世紀に及ぶ粘り強い運動や、半世紀の原子力ムラ支配で生じた3・11の歴史的教訓を踏まえ、変わらない日本の現状を変革して、原発ゼロへの住民投票や国民投票を実現し得る新たな展開が強く望まれる。また、そうした民主的諸権利の拡大強化が急務である。

（小林昭三／新潟大学名誉教授）

## 国連人権理事会特別報告者の中間報告

国連人権理事会特別報告者アナンド・グローバー氏は、2012年11月15日から東日本大震災後の被災者に対し〝健康を享受する権利〟が機能していたかを調査し、26日に中間報告を発表した。

グローバー氏は、日本政府が避難区域に定めた年間20ミリシーベルト以上と、放射線管理区域への一般市民の立入り禁止となる3カ月間で1・3ミリシーベルト、そしてチェルノブイリ事故で強制移住の基準とされた年間5ミリシーベルト以上という値の間に一貫性がなく、それが住民に混乱を招き、政府発表のデータや方針への疑念を募らせている、と指摘した。

グローバー氏は、福島県の健康管理調査の対象を県民と原発事故時に福島県にいた人に限定していることを指摘した。そして、健康を享受する権利に照らして、健康調査は放射線汚染区域全体において実施するよう日本政府に要請した。さらに、健康管理調査が子どもの甲状腺検査、全体的な健康診査、メンタル面や生活習慣の調査、妊産婦の調査に限られており、これは、年間100ミリシーベルト以下の低線量放射線地域でもガンその他の疾患の可能性があることを示した疫学研究の結果を無視しているためである、と指摘した。そのうえで、包括的な調査と内部被曝の調査・モニタリングを長時間かけて行うよう推奨する、と述べた。

さらに、原発作業員の被曝問題、家族離散を生む住宅問題の緊急性、食品の放射能汚染、土壌汚染と除染、避難・残留の自由尊重、原発事故責任に対する説明責任、決定への被災者の発言権についても言及し、最後に日本政府に「子ども・被災者支援法」のすみやかな施行を求めた。

この報告は、2013年3月に国連人権理事会に提出され、審査を経て6月の国連人権理事会で正式に勧告が出される。政府は、グローバー氏の要請・推奨事項をすみやかに実施すべきである。

# V 収束しない危機の中にある福島第一原発

## 1 福島第一原子力発電所事故の現状と課題

### 1　地震と津波の巨大なインパクト

２０１１年3月11日14時46分、東北地方の東方沖でＭ９・０の地震が発生した。震源断層面は南北の長さ約４５０㎞、東西の幅約２００㎞に達し地震動の時間は約１８０秒であった。地震によって発生した津波は、岩手県宮古市で最大溯上高40・５ｍを記録し、福島第一原子力発電所（以下１Ｆ）などが全交流電源喪失という事態を生じ、事故にともなう放射性物質の漏洩なども重なって、日本全国および世界に生命と経済的な二次被害がもたらされた。

### 2　事故の原因

(1)１Ｆ原発の概要――１Ｆは軽水を熱交換媒体とした沸騰水型原発（ＢＷＲ）である。振動による炉心の露出に弱点があり、米国では地震発生可能性のある場所を避けて建設されている。１００万kW級の標準原子炉で１日に使用されるウラン燃料の質量は、広島型原爆の3倍の約３kgである。1年間で広島型原爆１０００個分の放射性物質が発電所で発生し保管されている。１Ｆの炉心溶融事故は本来このような非常時こそ作動すべき緊急炉心冷却設備が共通故障事象（多重設置の機器が同時に故障する事象）のため不作動になり、運転停止後の崩壊熱と呼ばれる膨大な熱の冷却ができないことで生じた。

(2)深層防護哲学の破綻——原発は冷熱媒体である軽水の無条件喪失（地震由来、配管や弁の破断など）事故を事前に想定している。とくに1979年のスリーマイル島発電所事故以来、過酷事故（すなわちメルトダウン）を想定した各種の設計が追加実施された。典型的な例は格納容器の破壊防止策であるベント系の設置である。原発は深層防護*の哲学で設計されているが、今回は地震と津波によって1Fの1、2、3および4号機（4号機のみ定期検査中のため原子炉圧力容器内に燃料棒は存在しなかった）に関する深層防護のシステムがすべて崩壊し、以下の連鎖によって放射能漏洩という事態が生じたと推定される。

①地震発生後原子炉停止（ここまでは設計通り）→②その後緊急炉心冷却系がA、B両系統も損傷→③鉄塔の崩壊および受電設備などの損傷による外部交流電源喪失（電池は8時間ぐらいの予備電源としては存在したと思われる）→④最終的な非常用電源である非常用ディーゼル発電機A、B両系統がある程度作動後停止→⑤全交流電源喪失、原子炉冷却機能喪失→⑥炉心溶融→⑦水とジルコニウムとの反応により、水素発生→⑧原子炉圧力容器圧力上昇→⑨原子炉格納容器内への冷却材流出によるドライウェルおよび圧力抑制室の圧力上昇→⑩ベントによる放射能の環境への放出→⑪水素爆発による建屋破損、燃料プール破損→⑫放射能非制御的漏洩。

*深層防護：多重防護ともいう。5層の防護設計思想で構成される。1層目の「機器異常の発生防止」、2層目の「異常の拡大防止」、3層目の「異常の影響緩和」、4層目の「過酷事故対策」、5層目の「防災対策」の機能がそれぞれ独立して防護の役割を果たすようにすること。

(3)単一故障基準の破綻——原発は確率論的安全評価で安全性を評価している。しかし、今回は確率計算で単一故障基準（すなわち、それぞれが物理的に隔離独立し、品質が高い機器の故障は相互関連しない）を仮定した事象が、地震と津波の帰結としてことごとく同時故障（共通故障）事象となり、解析の正当性が否定された。さらに、本来確率論的に発生確率が低いと判断した「基準地震動（設計のための最大地震動、今回は余震）」を超える振動と「冷却材喪失事故」の同時事象が発生したと推定される。

**(4)地震による配管破断と水素爆発**──筆者が1Fの1号機の事故直後の原子炉圧力容器および原子炉格納容器の温度および圧力変動を分析した結果、原子炉圧力バウンダリー配管に破断面積0・3㎠の破断が生じたと推定した。さらに、「水素が発生したこと」「建屋内に酸素が存在したこと」そして「金属火花が発生したこと」で水素爆発が生じた。金属火花は、余震（すなわち「地震」）による金属構造物の接触によって生じたと推定される。

## 3　事故後2年後の現状

発電所内の汚染水処理用のタンク増設が限界にきている。1～4号機の建屋内には溶融燃料を冷やした大量の水に加え、1日約400トンの地下水が流れ込む。稼働中の浄化装置では放射性セシウム以外は除去できず、さらに開発中の62種の放射性物質を除去する多核種除去設備（ALPS）もトリチウム処理が不可能（処理後の汚染水に含まれているトリチウム1～500万ベクレル／㎏と推定される）であり、処理後も貯蔵を強いられる。貯蔵量は現時点で26万トン（飽和量＝約32万トン）、2014年前半までに約8万トンのタンク増設計画があるが、まったく展望がない。

さらに、3号機建屋上部の放射線量が0・5シーベルト／時間であり、遠隔操作用のカメラレンズですら、耐久性に欠ける。まさに「人類の誰も経験したことのない作業」であり、90年後に線量が約10分の1になるまでおそらく廃炉の展望は開けないであろう。

## 4　原子力規制委員会「新安全基準（設計基準）骨子案」の問題点

### (1)原因が分からずして審査基準ができるのか——国会事故調を含む4つの組織の事故調査報告書が出たが、依然として1F原発の事故調査は今後数十年未確定であり、配管破断箇所の同定などは不可能に近い。なぜ破断したのか、どのような力が作用したのかなど未解明の段階で新基準案が策定されたこと自体が問題である。格納容器フィルタ・ベントなどの恒設設備の設置義務もフィルタの数値目標もなく設置の方法が不明確である。

### (2)テロの具体性、隕石の考察——テロの具体性があいまいであり対応しようがないが、さらに、「予想される自然現象」として「敷地の自然環境を基に、洪水、風（台風）、竜巻、凍結、降水、積雪、落雷、地滑り、火山の影響、生物学的事象、森林火災等」を掲げているが、隕石が抜けている。「過去の実績から自然現象を重畳」とあるが、そもそも予測できない自然現象は「組み合わせる必要がない」という断定が誤っていると考えられる。

### (3)依然として「単一故障基準＋多重防護」＋確率論的安全評価——1F事故ですでに設計哲学として破綻した、「単一故障基準＋多重防護」の設計概念が依然として適用されている。

原発を考察する上で「放射能（使用済み核燃料）の処理方法が未確立」「発電装置として代替法がある」というだけではなく、原発事故が「種の保存への危機」「電力会社単独で責任が取れない規模」というきわめて特殊な技術であることに注目すべきである。「原発は絶対安全で日本の原発技術は世界最高水準」ともいわれてきた。しかし、今回の事故で明示されたのは、「技術力の低さ」ではなく震災前と震災後における「危機管理意識」の希薄さである。「原発固有技術のみならずロボット技術や水化学（水中の放射性物質を扱う学問）」などは、間違いなく世界最高水準の技術が存在したにもかかわらず、的確に適用されていなかった。「危機管理意識」の函養こそ、技術者として将来何ができるか、何をしたいかを構想できる能力すなわち技術者倫理の育成につながるものと確信している。

（渡辺敦雄／ＮＰＯ法人ＡＰＡＳＴ事務局長）

# 2 汚染水の海洋放出を許してはならない

## 1　汚染水が毎日４００トン増え続ける

東京電力は、２０１３年４月５日に2号貯水槽から汚染水が漏れていることを公表し、１号貯水槽に移送を開始するもそこでも漏洩が起き、また３号貯水槽でも漏洩が検出され、さらに配管接合部からの漏出も発生するなど、緊急の重大問題が起きている。東電は急きょ５つの貯水槽に溜まった２万３６００トンの汚染水を地上のタンクに移送することにしたが、６月までかかる予定であり、その間も漏洩は続くことになる。

汚染水の発生源はメルトダウンした燃料を冷やすために注水している冷却水である。冷却水は核燃料に触れて高濃度の放射性物質を含んだ後、原子炉建屋地下やタービン建屋地下に溜まっている。福島第一原発では２０１３年現在、地下に溜まった汚染水を汲み上げて、放射性物質除去設備で主に放射性セシウムや塩分を取り除いた状態で貯蔵タンクに貯めると同時に、一部をふたたび原子炉に戻して冷却水に利用するという循環注水冷却をおこなっている。

しかし、１号機から4号機の原子炉建屋とタービン建屋の地下には、毎日４００トンの地下水が流れ込んでいると推定されており、循環注水冷却に必要な量以上の汚染水が発生し続けている。この汚染水は２０１３年４月23日までに、タンクなど仮施設に28・６万トン、１～４号機の原子炉建屋などに9・３万トン、５，６号機の原子炉建屋周辺に1・9万トン、合計約40万トン（深さ1・2メートル、25メートル四方のプール約530杯分）に達した。

タンクを敷地いっぱいに増設しても70万トンが限界で、全体を見通した総合的な対策が早急に立てられなければ危機的な状態が到来することになる。

## 2　地下水が建屋に流れ込む原因は何か

建屋はコンクリートで覆われているので、通常ならば地下水が入り込むことは考えられない。つまり、何らかの影響を受け地下に面しているコンクリートが破損し、大量の地下水が流入していることになる。今回の地震によるコンクリートの損傷は、5、6号機が無事であることから考えにくい。1、3、4号機で共通に発生したのは水素爆発であるが、2号機には水素爆発がなかった。溶融燃料などと化学反応することでコンクリートが侵食を受けた可能性もあるが、4号機は原子炉に核燃料は入っていなかった。

## 3　稼働が遅れる多核種除去設備

増え続ける汚染水を処理するために、東電は新たに稼働を予定している多核種除去設備（アルプス）で、汚染水に含まれる62種類の放射性物質を法令で定められた基準値以下の濃度にすることを計画し、いま建設中である。アルプスの処理後の水を貯蔵するために、地面を掘り下げて粘土と遮水シートを張っただけの地下貯水槽を7つ作ったが、タンク不足のために原子炉に注水できない処理後の汚染水をためていて、漏洩事故が起きた。

アルプスの稼働は当初2012年9月が目標であったが、建設が遅れ本格運転は2013年11月に延期されている。東電の資料によれば、アルプスが予定の機能どおり稼働すれば高濃度の汚染水の量を大幅に減らすことができる。確実な試験を経ての運転開始が望まれる。

## 4 海洋への放出をねらう東電

東電は海洋への放出は「関係省庁の了解なくして行うことはない」としているが、「汚染水を永遠に溜め続けることはできない」という認識も示している。また2013年1月24日の原子力規制委員会検討会で、東電は「法令で定められている濃度未満に処理し、関係者の合意を得ながら行う」とも説明し、また中長期ロードマップに関する資料（2013年3月7日）では「汚染水の海への安易な放出は行わない」としている。これは、「安易でない放出」はあり得るとも解釈できる。

そして、東電が最終的には海への放出を意図していることは明らかである。中長期ロードマップでは「タービン建屋／原子炉建屋の滞留水処理終了」（2020年度）としており、アルプスなどで排出される高濃度の放射性廃棄物の処理・保管の研究開発をすすめる計画がある一方で、アルプスから出る低濃度の汚染水は溜まるばかりであるが、その処理・処分についての言及はない。つまり、そこには海への放出が暗黙の前提になっている。

## 5 除去できないトリチウム

問題は、アルプスでは放射性物質の一種であるトリチウム（三重水素）が除去できないことである。トリチウムは事故がなくても電気出力100万キロワットの加圧水型原子炉内に約200兆ベクレルが蓄積され、沸騰水型では約20兆ベクレルが蓄積される。例えば、九州電力の川内原子力発電所の液体トリチウム放出実績は2011年度で約37兆ベクレルである。

トリチウムの原子核は陽子1個と中性子2個からなり、そのベータ崩壊の半減期は12年である。トリチウムの化学的性質は水素と同じであるので、あらゆる生体物質にも入り込む。ストロンチウム90と同じく、トリチウムも透過能力が弱いβ線しか出さないので、生体内に取り込まれたら外から検出するのがむずかしい。

２０１３年2月28日、東電が記者会見で配布した資料によれば、福島第一原発に貯留している汚染水に含まれるトリチウムは、1リットルあたり１００万～５００万ベクレルである。同じ資料によれば、福島第一原発の内規である保安規定で示されているトリチウムの年間放出量は22兆ベクレルとなっている。現行の基準を順守した場合、前述した汚染水を放出できる量は最大でも年間４４００トン（４４０万リットル）程度にしかならない。汚染水に含まれるトリチウムの放射能濃度が1リットルあたり５００万ベクレルと考えると、先述の計40万トンの汚染水すべてのトリチウムを海に放出するには90年以上もの歳月がかかることになる。

滞留水処理終了の２０２０年との整合性をもたせようとするならば、規定以上の海への放出が予測される。これを許してはならない。

汚染水問題は、これから梅雨の時期を迎え急増する可能性もあり、国際原子力機関の調査チームも警告したように、緊急を要する重大な問題であり、海への放出を許してはならない。東電まかせにせず、国として英知を集めて対処しなければならない。

（岡本良治／九州工業大学名誉教授）

**国の責任において事故の独立調査委員会をなぜ作らない?**

国会事故調査委員会は、2012年7月5日に報告書を提出し7つの提言を行い10月30日に終了した。そのなかの提言7は「独立調査委員会の活用」であり、その内容は「未解明部分の究明、事故の収束に向けたプロセス、被害の拡大防止、本報告で今回は扱わなかった廃炉の筋道や、使用済み核燃料問題等、国民生活に重大な影響のあるテーマについて調査審議するために、国会に、原子力事業者及び行政機関から独立した、民間中心の専門家からなる第三者機関として(原子力臨時調査委員会〔仮称〕)を設置する。」としている。提示しているテーマは一つひとつが重大であり、突き詰めていけば原発ゼロにつながる。また、「原子力事業者及び行政機関から独立した、民間中心の専門家からなる第三者機関」という調査委員会の規定は、今までの原子力政策が原子力ムラによって囲い込まれていた反省に立った極めて重要な性格づけである。

国会と政府の事故調査報告書をフォローする「事故調フォローアップ有識者会議」が2012年12月7日に作られ、2013年3月に報告書を出したが、提言7は国会の事項だからとして除外した。自公政権になって1月28日に衆議院に「原子力問題調査特別委員会」の設置が全会一致で決まった。これは国会事故調の提言1「規制当局に対する国会の監視」を実現したものである。

また、原子力規制委員会が5月1日に「福島第一原発における事故分析に係わる検討会」を立ち上げた。かなり大がかりな組織で、2014年に予定されているIAEAレポートに先駆けて報告書を作成して反映させることを当面の目標にしている。政府事故調と国会事故調の主要な技術的論点を挙げて、調査に踏み出す。しかし、これは国会事故調の提言7の独立調査委員会ではない。

国会事故調の報告書提出から1年が近づいているが、提言7の実行の気配すらない。国の責任において、提言7の独立調査委員会をつくるべきである。

# Ⅵ 私たちは原発と共存できない

## 1 新しい規制体制と基準で原発の安全を確保できるか

### 1　原子力規制委員会と新規制基準

福島原発の事故を受け、原子力規制委員会（以下、規制委）は２０１２年６月の国会において成立した原子力規制委員会設置法に沿って、９月、環境省の外局として発足した。規制委は原発の安全確保などの施策を策定、実施する事務を一元的に担うものとされ、委員会の下にその事務を司る原子力規制庁が置かれた。

福島原発の事故は、原発の規制機関が原発を推進する経済産業省のもとに置かれるという世界にも類例がない、異常な体制下で生じたという反省にたって、原発の推進と規制との分離が実現した。この体制の実現は、原発立地地域の住民や自治体の最低限の要求が実ったものである。

規制委員は本来国会の承認人事であるが、その資格要件に対する疑義から国会での承認は２０１２年末の衆議院選挙後となった。規制委がその発足後、もっとも力を傾注してきたのが、原子炉等規制法と原子力災害対策特別措置法の改正だった。

原子炉等規制法の中核をなすのが、新規制基準（重大事故対策、設計基準、ならびに地震・津波）で、基準骨子案は、２０１３年２月に「発電用軽水型原子炉施設に係る新安全基準骨子案」としてまとめられた。この後、国民からの意見公募をおこない、寄せられた意見も参考にしながら、検討チームで最終案を確定し、再度意見公募をおこなったうえで、7月にも新しい安全基準が策定されることになっている。この新規制基準に沿って、新規原発はもちろん、既設原発の安全性が審査されることになる。しかし、新規制基準は国民が願う原発の安全を担保しうるのであろうか。

## 2　福島原発事故への対応と検証なしで進む新基準作り

規制委による新規制基準作りの特徴は、福島原発事故が未だに収束していない中で進められるとともに、福島原発事故を引き起こした要因の解明が不十分な状態でおこなわれていることにある。国民が今もっとも望んでいることは、事故で放出された放射能による汚染への対策と、損傷を受けた福島原発を安全に管理しつつ、廃炉を着実に進めることだろう。

汚染地域の除染、健康不安への対処などについて、相変わらずの縦割り行政であり、重大事故が発生した後の対応・処理は規制委員会の所管事項ではないとしているように見受けられる。また、福島第一原発の現状をみると、しばしば発生する電源喪失、汚染水のタンクからの漏れや、まもなくタンクを作る場所がなくなり、海洋への放出も懸念されるなど、不安な要素が多々ある。

東京電力に事態への対応の一義的対応責任があるからといって、規制委が進行する事態に知らぬ顔を決め込んで良いものではない。規制委がこうした事故処理にも真摯に対応することが、国民の信頼を少しずつ獲得していくために必要であろう。

事故の検証なしでの新規制基準作りというのも大きな問題である。福島原発の事故の検証は、東京電力とともに、民間・政府・国会の事故調査委員会で進められ、膨大な報告書が出された。調査結果に基づくそれぞれの提言には今後の原子力施策に取り入れるべき内容が多々ある。また、調査の継続が必要という指摘が共通してなされている。この指摘は無視されており、規制委の中のフォローアップ有識者会議も提言の実施状況を見守るにとどまっている。

言うまでもないことだが、福島原発事故が発生し、進展した経緯や要因について各事故調査委員会の意見が異なる点を放置したままで、根本的な対応を新規制基準に盛り込むことはできない。

「安全神話」が広められる契機になった1992年の「日本では過酷事故は起こらない、対応は電力事業者まかせでよい」とする原子力安全委員会決定はなぜ生まれたのか、「安全神話」とは何だったのか、規制する側がされる側の虜になる、という実態はどのようにして生み出されたのか、明らかにしなければ前に進めない。

事故への対応を放置したまま、また、事故の要因の解析が不十分な中で進められる、拙速な新規制基準作りが、原発の再稼働に道を開くものとなり、新規制基準に合格すれば、原発は安全だという、「安全神話」の再生となることを恐れる。課題は山積している。「失敗から学ぶことができない」のであれば、また同じ事が起こる危惧を払拭できない。

## 3　新規制基準案（地震・津波）の問題点

2013年の新規制基準は重大事故対策と設計基準、地震・津波の3つからなるが、ここではとくに地震・津波に関わる新規制基準案の問題を検討しておこう。なお、規制基準（案）の策定と同時に、「敷地内及び敷地周辺の地質・地質構造調査に係わる審査ガイド（案）」「基準地震動及び耐震設計方針に係る審査ガイド（案）」「基準津波及び耐津波設計方針に係る審査ガイド（案）」など、耐震・耐津波の調査や設計に係わる審査の際の手引きの案が検討されている。

この規制基準（案）と審査ガイド（案）の検討過程の特徴は、すでに骨子案策定の過程で、妥協もあっただろうが、最終的に承認された「活断層の直上には重要構造物の建造は認められない」という項目に関連してである。事業者からの「断層による変位が小さく、適切な解析手法を選択すれば、現状でも断層変位に対する設計可能」とする意見に対して、委員から、ずれや変位の照査結果に基づいて判断するべきだ、変位が小さければ工学的な対応が可能、あるいは不確かさを工学的に判断するという考え方を貫くべきといった意見が繰り返し強調されている。

活断層の活動年代などの確定の課題もあるが、仮に活断層があっても対応できるとする意見は、科学や技術の現状を無視した「安全神話」の復活以外の何者でもない。

## 4　原子力規制委員会の独立性を高める重要性

規制委の拙速な新規制基準策定の動きや、基準案自体が以上のような危険性を持っているが、原発ゼロを進める上で、一方で、規制委員会の独立性を高める運動が重要である。

規制委は２０１２年９月の発足以来、関西電力大飯原発、日本原子力発電敦賀原発、東北電力東通原発の敷地内の現地断層調査をおこなってきた。その結果、これまで電力事業者や原子力安全・保安院がその活動性を否定してきた敦賀と東通原発の敷地内断層について、規制委の専門家会合は活断層もしくはその可能性が高いとの評価を下した。

これらの評価が確定すれば、その原発は廃炉に追い込まれる可能性が高いことから、日本原子力発電や東北電力はこの評価結果を真摯に受け止めるどころか、強い抵抗を示し、その評価を覆そうとしている。時を同じくして、安倍自公政権は、自らの積年の原子力行政がもたらした福島原発事故に対する一片の反省もなく、経済界の強い要請を背景に、規制の骨抜きを画策している。

こうした電力事業者や経済界、自公政権、推進派学者などの原子力利益共同体が、規制委員会の独立性を脅かし、その権限をできるだけ縮小しようとしている今日、原発ゼロを目指す私たちにとって、規制委員会が電力事業者や時の政権から独立した規制機関としての本来の役割を果たすよう求める運動が重要である。規制委員会は、新たに策定する基準を既存原発にも厳密に適用し、適合しない原発は廃炉を勧告すべきである。猶予期間を設けたり、計画提出だけで適合などという、地震活動期にあることを無視した再稼働ありきの動きは許されるものではない。

（立石雅昭／新潟大学名誉教授）

## 2 数万年単位の放射性廃棄物の管理

### 1　放射性廃棄物の安全処理方法がない

原発で使用した核燃料棒は、核反応の結果、必然的に多種多様の放射性廃棄物を生み出す。この放射性廃棄物の安全・確実な処理方法を人類は未だ見出していない。このことが、原発の危険性を指摘し、原発廃絶を求める最大の理由のひとつである。

この深刻な問題の解決を目指して、これまでも国際機関や世界各国でさまざまな最終処理方式が検討されてきたが、地下深くに穴を掘って放射性廃棄物を埋める「地層処分」方式が最も実現性のある方式だとの認識が国際的共通認識となっている。

この点で、世界の最先端をいくフィンランドでは、最終処分場を「オンカロ」（西スオミ州サタクンタ県のオルキルオト島にある放射性廃棄物処理施設の名称）に設定し、２０２０年から操業開始できるよう慎重な検討が進められている。それでも、約10万年間と想定される保管期間中、本当に安全・確実に保管できるかとの疑問に対しては技術的に未知・未確定の課題が多く残されており、最終処理方法は未だ確立されていないのが現状である。

この点で、「原発の稼働は、トイレ無きマンションを建てるようなもの」という批判は、正当な批判といわざるをえない。

## 2 「暫定保管期間」の設定はどうしても必要

使用済み核燃料からプルトニウム、ウランを抽出し、ふたたび核燃料として使用する「核燃料サイクル」が半世紀以上にわたり日本の原子力政策の中核とされてきた。

その概要と問題点は以下のようなものである。

①青森県六ケ所再処理工場で、使用済み核燃料を硝酸などを用いて液状化した後、プルトニウムや燃え残りのウランを分離・抽出する。

②プルトニウムなどを分離した後の液状の高レベル放射性廃棄物はホウケイ酸ガラスを用いてガラス固化される。このガラス固化体はキャニスターと呼ばれるステンレススティール製の円筒容器（外径40㎝、高さ1・3m、総重量500㎏）に収納される。製造直後のガラス固化体は、残留放射性同位元素のため、約1500シーベルト／時間もの高レベルの放射線を放出する。この放射線量は、国際放射線防護委員会（ICRP）の勧告で100％人が死亡するとされている放射線量（約7・5シーベルト）をわずか20秒弱で浴びてしまうほどの高いレベルである。

③また、残留放射性同位元素の崩壊エネルギーによってガラス固化体は非常に高い発熱を起こし、この発熱による破損を防止するため、冷却施設を完備した中間貯蔵施設で30〜50年間冷却貯蔵する必要がある。

④長期間の冷却貯蔵で発熱が抑えられた後、安定した地層中に掘られた地下300メートル以上の深さの処分坑道中で、ガラス固化体はオーバーパックと呼ばれる炭素鋼製の容器に入れられ、まわりを粘土の緩衝

材で固めて埋設保管する「最終処分」がおこなわれる。ガラス固化体の放射能レベルが天然ウラン鉱の放射能レベルと同等にまで低下するまでには、数万年〜10万年の期間を要する。

⑤この間、数千年間で金属製容器などが腐食してしまっても、放射性物質を約10万年間周囲に流出させない保管方法が求められているが、現段階ではその技術的な保証はどこにもない。

⑥そこで、将来最終処理方法の諸研究が進展し新たな保管技術が開発されたばあい、それに対応できるような対策も必要となってくる。新しい最終処分方式が開発できたときにはガラス固化体をいつでも回収可能な形で安定保管する「暫定保管期間」（数十年〜数百年の期間）を設定すること（この期間中を最終処分方策確立のためのモラトリアム期間とする）がいま強く求められている。

⑦しかし、現在この「暫定保管期間」設定の検討はまったく進んでいない。

## 3　日本列島には10万年間もの安定地層は存在しない

使用済み核燃料の最終処分地の選定にあたっては、現行法では①「概要調査地区」の選定、②「精密調査地区」の選定、③「最終処分施設建設地区」の選定という3段階の手続きを通しておこなうことになっている。政府は膨大な調査資金援助を呼び水にして全国の自治体に応募を募ってきたが、第1段階の「概要調査地区」さえも応募自治体は皆無というのが実情である。そもそも日本列島のように地殻変動の激しい地帯で、放射性廃棄物を10万年間安全に保管するのに適した安定した地層が存在するのかという根本的問題が問われている。その答えはＮＯといわざるをえない。

原子炉の稼働で高レベル放射性廃棄物の量は増加を続けており、２０１１年12月末時点では、①青森県六ケ所村と茨城県東海村に保管されているガラス固化体は合計１７８０本、②海外に再処理を委託したガラス固化体のうち未返還分約８７２本、③各地の原子力発電所と六ケ所再処理工場に保管されている使用済み核燃料は、約2万4700本（再処理化後のガラス固化体としての想定本数）に上っている。

放射性廃棄物の保管容量には限界があるので、高レベル放射性廃棄物の「総量上限」や「総量増分の抑制」を早急に定める必要があるにもかかわらず、その検討がまったく進んでいない。「総量上限」も定めずに原発再稼働を決定することはまったくの暴挙といわざるをえない。

## 4 「核燃料サイクル」方式自体が破綻している

青森県の再処理工場は、1997年に完成の予定であったが、相次ぐトラブルで19回も完成が延期され、建設費も2兆2000億円に増大している。そもそも、抽出されたプルトニウムは新型転換炉（ふげん）、高速増殖炉（もんじゅ）などで消費されることが前提になっていた計画である。これらの原子炉も相次ぐ故障で開発の断念が迫られており、そのばあい、核兵器への転用を防止するため国際的にきびしく監視されている膨大なプルトニウムの保管を抱え込むという、原発問題とはべつの新たな問題が生起してくる。これらの事情によって、日本の「核燃料サイクル」は早晩撤退を余儀なくせざるを得なくなるであろう。

核燃料の再処理方式が廃止されたばあいは、覚書により再処理工場に集められた使用済み核燃料は各原発施設に戻されることになる。しかし、各原発施設の貯蔵プールはすでに満杯の時期を迎えており、再処理工場から返却された使用済み核燃料を引き取る余裕がない。また、再処理方式を止めたばあい、最終処理すべき放射性廃棄物にウラン・プルトニウムが加わることになり、それだけ放射線量も、廃棄物量も増大することになる。

日本の原発施設から生み出される放射性廃棄物は、いまや完全に行き場を失っている。放射性廃棄物の安全・確実な「最終処分」方法が定まらないまま、原発の再稼働を許してはならない。

（俣野景彦／JSA東京支部常任幹事）

# Ⅶ いま、研究者の生き方を問う

## 1　反省と自戒

ＪＳＡ（日本科学者会議）東京支部は、「３・11」に直面して急きょ、20余日後の２０１１年4月2日、「福島第一原発事故問題緊急ミニシンポジウム」を開催した。集会場は予想外の参加者で溢れかえった。私は開会挨拶を兼ねて、東日本大震災・福島原発事故に直面し、ＪＳＡとその構成員は、いま、何をすべきか、と題したシンポジウムの趣旨説明をおこない、３人の報告者がそれにつづいた。熱い質疑討論のなかで、会場からは「原発のような技術をどう思うか」との質問が寄せられた。私は、「事故にあたって研究者が手に負えない技術は、決して社会に導入してはならない」ことを強調した発言をした。

私はそのとき、70年代初頭、原発関係の議論に参画したときのことを思い浮かべた。巨大なエネルギーとともに必ず〝死の灰〟が生じるではないか、万々が一にも事故が起きたばあいに、それを制御できず、被害は計り知れず、研究者は社会的責任を果たせないではないか、原発は非人道的な被曝労働に依拠する産業となるではないか、そういうものには賛成できない、といったことが私の主張であった。

私は情報通信分野の基礎研究・技術開発に従事してきたということもあり、その後の原発の議論には参加せず、原発反対運動にもほとんどかかわらないできた。惨状を目前にして、胸をしめつけられる思いで反省し自戒している。私と同様の思いの研究者は多いのではなかろうか。

## 2　原発――社会に導入してはならないもの

アインシュタインは相対性理論から、質量とエネルギーの関係を導き出し、微少な質量の変化分が巨大なエネルギー量となることを示した。その後、チャドウィック（中性子の発見によって1935年ノーベル物理学賞受賞）、ジョリオ＝キュリー夫妻（人工放射能の研究によって1935年ノーベル化学賞受賞）、ハーン（原子核分裂の発見によって1944年ノーベル化学賞受賞）らにつづいて、科学者は核分裂による巨大な核エネルギーの獲得へと進んだ。

この歩みは、人類の自然認識を深め、活動領域を拡張する輝かしい成果であったが、原子力の利用は広島・長崎への原爆投下、各種の核実験、スリーマイル・チェルノブイリ・福島原発の過酷事故をまねくに至った。あまりの愚行であり、犯罪行為とのそしりさえ免れない。

現在の原発が未完成、未成熟な技術であることは誰の目にも明らかである。では、改良を重ねて完成した技術、成熟した技術にできるのだろうか。私たちが現在知りうる自然法則に基づくなら、それは不可能である。現在の原発の危険の本質は〝死の灰〟が生じ蓄積されることにある。人類は、経験的知識と科学的理論を活用して、生活に役立つものを造り、役立たなくなれば廃棄してきた。その歴史において、危険を避けうる見通しがあっても現実にまだ危険なものは社会への導入を拒否してきた。見通しのないものを、ただ将来をあてにする愚行は許されるべきではない。

原発の利用はそのような愚行であって、本来的に許されることではない。原発が巨大なエネルギー源だからといって、美辞麗句で特別の地位を与えてはならない。

## 3　日本の原発の特異な生いたち

福島第一原発事故の重要な教訓として、自主技術開発の姿勢の問題がある。アイゼンハワー元米大統領の国連総会での演説「原子力の平和利用」（1953年12月）には、日本国民に原発を「原子力の平和利用」の象徴として受け入れさせ、米国の原子力世界戦略に日本を組み込む意図が込められていたが、日本の原発開発はそれによって大きく動き出した。

日本の原発開発は、日本独自の先行技術も産業的基盤もないところに、政治的意図に強制されて、米軍潜水艦用原子炉を模倣することからスタートすることとなった。放射能の安全問題を研究テーマに望んでも、米国が「問題なし」といえば、研究が許可される状況ではなかったと聞く。

余談だが、ＮＴＴ研究所が開発した「４ＧＨｚ帯用進行波管」が、２０１１年度の重要科学技術史資料に選定登録された（国立科学博物館長が、科学技術の発達上重要な成果で、次世代に継承すべき重要な意義を持つものと判断する）。私は、ＮＴＴ研究所から業界紙の取材対応を委嘱されて、先達の偉業を紹介するスタンスで取材に応じたことがある。４ＧＨｚ帯用進行波管は、１９５５年に実用化され、その後の日本の情報通信の輝かしい発展の礎となったこと、しかも敗戦後のわが国の通信復興にあたって、米軍の使用済み通信システムの押しつけを拒否して得られた自主技術開発の成果であることを紹介した。自主技術開発体制の重要な点の一つは、技術開発において、進むも退くも、国民の期待に応えた研究者の判断が尊重されることにあると言えよう。

原発研究の歴史の中で反省すべきは、原発が原爆や水爆の製造技術と比べても桁違いに困難であり、未解決の課題がほとんど手付かずで放置されていたにもかかわらず、そしてそのことが研究者のあいだで自覚されていたにもかかわらず、日本の権力者たちと便乗者たちによる米国の方針への追随を許してしまったことだろう。

## 4　放射線の危険性の軽視と原発「安全神話」

原発開発の当初、日本の原子科学者のあいだでも、世界に仲間入りするためにも研究用原子炉建設に早急に着手すべきである、放射能の害毒よりプラスの方が大きいから原発は推進すべきである、といった主張がなされた。そのような議論はスリーマイルやチェルノブイリの事故後も、底流において引き継がれていた。

坂田昌一は、原子炉は未知の要素を多く含み、法則性が的確にとらえられていない装置である、放射能障害は通常の毒物による障害とは質的に異なることを正しく認識する必要がある、平和利用の際には「安全性」の保障がすべてに優先すべきである、原子炉の設置場所周辺の住民にとり安全性が重大な社会問題となる、などなどの原子力の特質を指摘した。

だが、日本の指導的な原子科学者は、坂田本人も含めて、原発廃止を訴えずにきたし、多くの「研究者」が原発「安全神話」づくりに加担してきた。

なぜだろうか？　武谷三男は、自らが戦前にサイクロトロンに携わっていたときも、放射能はそれほど危険なものとは思っていなかった、その常識が戦後も持ち越されていた、ここに放射線の危険に対する理解の遅れた原因がある、と述懐している。重大な危険を示す先行事例が多数存在したにもかかわらずその認識が十分でなかったことを、研究者として深く反省する必要がある。

原発のそもそも論に立ち返る必要がある。「安全神話」を打ち砕くには、そもそも論に立ち戻った「原発廃止」の決意がなによりも重要である。「世界最高水準の安全」の吹聴は新たな原発「安全神話」づくりの始まりを意味する。

小さな命への慈しみと被害者の痛みを心に刻み込んだ、倫理的視点からの深い議論が必要である。

## 5　研究と教育の現場でのたたかいの重要性

小倉金之助（数学者、民主主義科学者協会初代会長。1885〜1962年）は『われ科学者たるを恥ず』（法政大学出版局、2007年）でつぎのように述べている。

「われわれは臆病で、強い独立心をもたず、権力の前に屈服してしまった。それがために私たちは、科学者としてまた教師として、太平洋戦争を食いとめるような、合法的な運動を起こすことができなかった……」

小倉はこれを1953年に書いたが、3・11を契機に露呈したわが国の科学・技術の現状を見るに、いま、自省しなければならない指摘である。

福島原発事故とその悲劇の根本原因は何か。その根本原因があまりにもアメリカのいいなりになっている政治・経済にあることは、真実をつかみ取り・伝えるのに臆病なマスメディアからさえも見てとることができる。「学術存続の危機」（日本学術会議「日本の展望2010」）が叫ばれるようになったが、その大本を質せば、同様のことがいえる。

科学・技術開発の統制強化と軍事化が強まっている。研究・教育現場は多忙化し、研究・教育者のあいだに疲労が蓄積している。研究・教育者への権利侵害が強まり、職場専制支配をめざすさまざまな攻撃が強められ、その体制づくりが進行している。研究・教育者が倫理的存在条件を獲得し、研究者として人間らしく生きるためには、これら不合理とたたかう以外に道は残されていない。

研究・教育現場において不合理を押しのける不屈のたたかいが継続され、その争点・内容が国民に理解されるとき、国民の科学・技術と教育への信頼感は増して確固としたものになるであろう。このことは原発即時ゼロ化への道を政府にせまる課題とも深くかかわっている。

## 6　大いなる希望をもって

私たち研究者は、科学・技術の重要で飛躍的な進歩に貢献できればと望んでいる。しかし、その日常の活動はごく地味で、人びとにあまり注目されないような、小さな発見と進歩に喜びを感じて、日々努力を重ねている。そうした積み重ねが、研究者の仕事を真に価値あるものにしていることを理解している。自然科学系の分野のことを述べたが、他の分野においても同様なことがいえるのではなかろうか。

私たち研究者は、いつも、真理の探究者であるとともに、国民の意識するもろもろの要求の表現者であり、その科学的根拠の提供者であり、実現のための協力者であり、正義がおこなわれるように理性を社会的力に転化する不屈の担い手でありたい、と願ってきている。

私たちＪＳＡの諸活動も、この願いに基づくものである。真実の発見をつづけ、それを飾らぬ言葉で語る努力を重ねたいと思う。たとえ、そのことが特定の政治勢力と対決することになっても、立ち向かう勇気を身につけなければならない。力を合わせれば恐れることはない。

原発を安全にきちんと廃炉にし管理しながら、代替エネルギーを急速に確保する研究・技術開発が焦眉の課題である。文系・理系を問わず、前人未踏の奥深い広大な研究領域がひろがっている。そこは、若い研究者が大いに希望をもって献身できる新しい学問領域であろう。これまでの原発開発の努力によって得られた経験と科学的知見とを大いに役立たせなければならない領域でもあろう。まさにＪＳＡが会則で標榜する「科学を正しく発展させ、科学者の責任をはたすため、専門別、地方別などのわくをこえ、日本の科学者の誇りと責任の自覚」に立った科学者の英知の結集がこのうえなく威力を発揮する領域といえよう。

（長田好弘／ＪＳＡ東京支部代表幹事）

# あとがきにかえて

本書は、東電福島第一原発事故の発生以降、ＪＳＡとして出版する2冊目の原発関連のブックレットです。ＪＳＡの会員、47都道府県の各支部は、シビアアクシデントに直面し、「科学者としていま何をなすべきか」を真剣に悩み、考え、そして行動しました。２０１2年6月に刊行した『放射能からいのちとくらしを守る』（本の泉社）は、これらの活動に支えられて、ＪＳＡの通常の出版部数を超えて普及しました。

事故発生から2年余り。政府の「事故収束宣言」とは裏腹に、放射性物質の放出の継続、除染活動の立ち遅れ、被災地の住民の継続的な放射線被曝（外部被曝・内部被曝）、被害実態に即した損害賠償のサボタージュ、高濃度の除染廃棄物や使用済燃料の処理方法の未確立・放置、被災した地方自治体の復興計画の立ち遅れなど、事態の改善の見通しはまったく立っていません。このような非常事態が継続している状況下で、あろうことか、安倍政権は原発の再稼働に踏みだそうとし、さらには途上国などへの原発輸出を企図しています。

原発事故で故郷を追われ、いまだに故郷に帰れない人たちは15万人にのぼります。原発事故はいまだ収束していません。そのような状況のもとで、原発問題に対する多数の国民の態度は明白です。子どもたちに安心して暮らせる故郷を取り戻したい。原発事故を繰り返さないためにも、一日でも早くすべての原発を廃止したい。ドイツ国民が選択した道を日本で決断できないはずはありません。

豊かな自然環境をフルに活かして、地産地消の自然エネルギーを普及することは、地域経済の活性化にも役立ちます。国民的連帯の輪を大きく広げて、政治家、政党、政府に原発廃止の決断を迫りましょう。このブックレットが、運動の前進に役立つことを心から願っています。

（米田貢／ＪＳＡ事務局長）

## ■日本科学者会議（JSA）

1965年創立。日本の科学の自主的・総合的な発展を願い、科学者としての社会的責任を果たすため、核兵器の廃絶を含む平和・軍縮の課題、環境を保全し人間のいのちとくらしを守る課題、大学の自治を守り科学者の権利・地位を確立する課題など、さまざまな活動を進めている。

1971年、世界科学者連盟（1946年に創立、初代会長F・J＝キュリー）に加盟、ユネスコや種々の国際的NGOと交流し、核兵器廃絶をはじめとする国際的な活動に積極的な役割を果たしている。国内ではすべての都道府県に支部を持ち、人文・社会・自然科学など全分野の科学者（研究者、教育者、技術者、弁護士、医師、大学院生など）が参加し、個別分野の学会・協会とは異なる総合的観点から諸問題に取り組んでいる。月刊機関誌『日本の科学者』。日本学術会議協力学術研究団体として登録されている。

【事務所】〒113-0034　東京都文京区湯島1-9-15　茶州ビル9F
Tel：03（3812）1472　Fax：03（3813）2363

## ■執筆者紹介

風見梢太郎――作家
高岡　滋　――神経内科リハビリテーション協立クリニック［水俣市］院長
小山　良太――福島大学経済経営学類准教授
石井　秀樹――福島大学うつくしまふくしま未来支援センター特任准教授
根本　敬　――福島県農民連事務局長
渡辺　博之――いわき市議会議員
原　　英二――パルシステム生協連
伊東　達也――原発事故の完全賠償を求める会代表委員
早川　光俊――ＣＡＳＡ（ＮＰＯ法人　地球環境と大気汚染を考える全国市民会議）専務理事
小田　清　――北海学園大学教授
飯田　克平――JSA石川支部常任幹事
小林　昭三――新潟大学名誉教授
渡辺　敦雄――NPO法人APAST事務局長
岡本　良治――九州工業大学名誉教授
俣野　景彦――JSA東京支部常任幹事
立石　雅昭――新潟大学名誉教授
長田　好弘――JSA東京支部代表幹事
米田　貢　――JSA事務局長

## ■編集委員

飯田　克平
岩佐　茂　『日本の科学者』編集委員長
長田　好弘（編集責任者）
佐川　清隆　JSA東京支部常任幹事
中野　貞彦　『日本の科学者』編集委員
俣野　景彦

合同ブックレット❸
**私たちは原発と共存できない**

2013年9月20日　第2刷発行

編　者　日本科学者会議
発行者　上野良治
発行所　合同出版株式会社
東京都千代田区神田神保町1-28
郵便番号　101-0051
電話　03(3294)3506／FAX03(3294)3509
URL　http://www.godo-shuppan.co.jp/
振替　00180-9-65422
印刷・製本　新灯印刷株式会社

■刊行図書リストを無料送呈いたします。
■落丁乱丁の際はお取り換えいたします。

ISBN978-4-7726-1135-0　NDC360　210×148